卢履彦 著

古堡的秘密

欧洲中世纪城堡建筑巡礼

商务印书馆
The Commercial Press

目 录

序

　　在所有人类建筑文明中，中世纪城堡向来是最引人注意又能激发奇幻想象的建筑类型。虽然多数人对于城堡概念仍停留在童话、电影中塑造出的浪漫氛围而忽略其真实面貌，但由欧洲中世纪建筑历史发展角度窥看，其类型多元的外观、功能、坐落位置及耸立、突出于所在地点自然环境的样貌的确值得专业建筑史学者、业余历史文物爱好者乃至一般自助观光旅人深入理解、探索。

　　2002 至 2007 年于德国美因茨大学（Johannes Gutenberg-Universität Mainz）攻读西洋美术史期间，我有幸在温特菲尔德（Dethard von Winterfeld）及穆勒（Matthias Müller）等建筑史权威门下就读，启发我对中世纪建筑研究之兴趣。尤其温氏以其古迹保存实务背景，长年参与施派尔主教堂（Dom zu Speyer）维护工程，重视实地勘查、历史考据，并以简明方式论述的基础研究态度，更激发我这段时间亲自探访诸多城堡地点，捕捉建筑外观及细节等图像素材，建构出本书诸多内容。尤其美因茨及其邻近之莱茵河中游河谷、陶努斯（Taunus）山区在中世纪正处当时神圣罗马帝国版图中的政治破碎地带，诸多选帝侯、主教、区域性公爵在此均具有所属领土或飞地，无不设置各类城堡统治该地。因此当地所见类型甚为丰富多元，自此遂怀有心愿，期望借由搜集之资料及观察，加以补充他处经典建筑范例，以简明、生动的方式，汇集中世纪城堡建筑发展及其多元外观风貌。

　　在建筑艺术史的发展历程中，城堡类型建筑向来并非学术研究的焦点所在，甚至比公元十六世纪后、由中世纪城堡演进出的宫殿建筑还少获得学者研究青睐。直到 1890 年代后，随着欧陆第一代城堡建筑研究者不断著述研究、搜集案例，进行建筑类型归类，并由德国学者皮珀（Otto Piper，1841—1921）及埃布哈特（Bodo Ebhardt，1865—1945）等人分别于 1895 年出版《城堡志》（Burgenkunde）一书及 1898 年起发表的《德国城堡》（Deutsche Burgen）十册书系后，才逐渐将中世纪城堡纳入建筑艺术研究范畴，进行人文、历史及科学性的研究探讨。尤其艺术史学者霍茨（Walter

Hotz，1912—1996）于 1966 年出版的《德国城堡简明艺术史》(*Die kleine Kunstgeschichte der deutschen Burg*）一书，更成为第一代城堡建筑研究经典总结，奠定随后二十世纪后半叶，以田野调查、考古及历史文献考证为主之科学性研究基础。综观前述研究，主要以观察、归纳、比较等方式，就中世纪城堡由其位置、功能、风格及历史等观点，进行建筑类型分类（architektonische Typologie）；唯可惜之处在于这种基础性城堡建筑研究至今尚未以概观、系统性归纳之方式介绍至华文世界中。在建筑与人文历史环境研究渐受重视的今日，期待借由本书浅显、系统性并不失趣味的方式，为西方历史建筑研究在中文世界中补上遗缺已久的一块拼图。

中世纪城堡建筑本体就如同一部巨大史册，反映出欧洲中世纪时期的政治、社会、历史及艺术等方面发展。综观本书架构，除了由城堡发展史、类型、建筑机能元素等角度阐析中世纪城堡多元风貌外，更借由主题专栏方式补充与城堡建筑发展相关之时代背景、历史、宗教、社会、文学及艺术等内容，以生动方式提升阅读兴趣，并激发对城堡建筑真实样貌的深度认知、理解，甚至延伸阅读兴趣，以冀望成为提供建筑史研究及文化深度旅游爱好者的基础指南。早在十年前旅德之际，心中即怀有构筑此书的念头，历经不断修正、搜集，终能呈现于此。在此感激联经出版社林载爵发行人、胡金伦总编辑等对本书题材、内容之赏识及指正。另外，也感谢 Roy Gerstner、林倩如、张嘉斌、朱惠梅、廖匀枫、林易典、赖雯瑄、赖锦慧等提供之精彩图片及撰稿、修正期间的协助。最终并感谢家人长久支持及鼓励，谨此献之。

卢履彦 谨志

2016 年盛夏 于台北市

欧洲中世纪城堡位置图

（公元 1500 年初）

平地型城堡

A1 约克城堡
A2 伦敦塔
A3 博丁安城堡
A4 吉索尔城堡
A5 香波堡宫殿
A6 布卢瓦城堡
A7 阿维尼翁教皇宫
A8 卡卡颂城堡
A9 斯滕城堡
A10 伯爵城堡
A11 亚琛行宫
A12 普法尔茨伯爵岩城堡
A13 英格尔海姆行宫
A14 萨尔堡要塞
A15 三橡林城堡
A16 比丁根城堡
A17 盖尔恩豪森行宫
A18 菲尔斯特瑙城堡
A19 约翰尼斯堡宫殿
A20 格吕克斯堡城堡
A21 当克瓦尔德罗德城堡
A22 戈斯拉尔城堡
A23 梅泽堡主教城堡
A24 新宫殿城堡
A25 马尔堡城堡
A26 克维曾城堡

山坡型城堡

B1 施塔莱克城堡
B2 赖兴施泰因城堡
B3 新卡岑埃尔恩博根城堡
B4 荣誉岩城堡
B5 凯瑟斯贝格城堡
B6 乌鸦石城堡
B7 穆尔巴赫隘口城堡

山岬型城堡

C1 旬恩堡
C2 哈尔登堡
C3 弗里德贝格城堡
C4 伊德施泰因城堡
C5 特里姆堡
C6 威利巴尔德城堡
C7 布格豪森城堡

顶峰型城堡

D1 圣米歇尔山修道院城堡
D2 埃尔茨城堡
D3 科伯恩城堡群
D4 马克斯堡
D5 博塞尔施泰因城堡
D6 三重岩帝国城堡
D7 古腾堡城堡
D8 奥尔滕贝格城堡
D9 艾吉斯海姆城堡
D10 马尔堡宫殿
D11 卡斯蒙特帝王城堡
D12 明岑贝格城堡
D13 海德堡宫殿城堡
D14 石山城堡
D15 温普芬行宫
D16 慕诺特堡垒
D17 鲁德尔斯堡
D18 马林贝格要塞城堡
D19 纽伦堡皇帝堡
D20 特劳斯尼茨城堡
D21 阿尔布莱希特堡
D22 拉波滕施泰因城堡

第一章

城堡的意义、起源及发展

公元 2002 年，众多台湾新闻媒体均纷纷报道当时首富郭台铭先生以三千万美元代价买下位于捷克波希米亚中部地区一座"古堡"——罗兹泰兹堡（Zámek Roztěž），作为鸿海集团在欧洲的招待所。但实际上由西洋建筑史发展角度而言，这座所谓"古堡"的外观形式、结构及细部装饰并不是一座真正兼具居住及防卫功能，且经历数百年以上历史岁月所遗留下的中世纪城堡，而只是拥有 200 年以上历史，甚至公元 1909 至 1911 年间，又为来自当时奥匈帝国建筑师鲍尔（Leopold Bauer，1872—1938）重新整建的一栋新巴洛克式贵族乡间宫殿宅邸。如果郭董事长是以购买一座欧洲私人城堡为主要置产标的物，那么就明显买错东西了！因为郭董所买到的并不是一座历史悠久的真正欧洲中世古堡，而仅是一栋欧洲十七、十八世纪间，贵族时兴在郊区兴建的气派宫殿建筑。

购买城堡等地产如同投资股票、工厂般总是深藏潜在风险，我们不能苛究郭董眼光不佳而买错标的，而是城堡这种欧洲历史建筑之原始功能、定义、意涵随着西方建筑风格的更迭发展，已逐渐转化、再利用，甚至错误地扭曲成近代人们对这类型建筑应有如宫殿般华丽外观的认知及印象。原有欧洲城堡建筑的兴起时空和背景框架已重新改变。就是这种混淆认知，让众多富豪竞标者产生美丽的错误，将"宫殿""乡间宅邸"当作"城堡"或"古堡"买卖。殊不知西方宫殿建筑或更晚出现的巴洛克式乡间宅邸、别墅，均为欧洲于公元十五世纪初迈入文艺复兴时期后，因应生活方式及形态的改变，由城堡逐步发展、衍生出的建筑类型。

新天鹅堡和迪士尼城堡的骗局

造成这种城堡建筑认知上"误把冯京当马凉"的最大原因，莫过于近代文明的强力错误塑造。不论欧洲旅游指南中时常提到壮丽的新天鹅堡、长久以来吸引儿童向往的迪士尼乐园城堡、近年新开幕的哈利·波特城堡，还是电影《魔戒》或《纳尼亚传奇》中为配合剧情需要而创造出的虚幻电脑动画城堡，这些城堡建筑在二十世纪大众媒介强力曝光、放送下，长期强烈扭曲、形塑出一般人对欧洲中世纪城堡的印象及观感，认为城堡是王子和公主从此一生过着幸福快乐日子的浪漫所在，或是拥有各式魔法的正义使者甚至邪恶轴心势力的根据地。基本上我们都被这些印象中的城堡骗了！这些真实或虚拟的建筑物，套句现在流行术语，其实全是"山寨版"城堡建筑。它们只徒有欧洲中世城堡建筑外壳，而非实际由当时遗留下的原始建筑，无法完整反映当时多数城堡中的设施、生活其实是一切贫乏、从简的样貌，更不像电影情节中所烘托出华丽且浪漫、富童话般的气氛。

除近代电影、奇幻小说外，严格说来，大众媒体对中世纪城堡的错误浪漫想象及荒诞营造其实可追溯至十九世纪初期，童话等欧陆民族俗文学盛行的时代。在浪漫主义思潮影响下，搜集本土、在地民族乡野逸闻、传说故事，进而彰显国族传统历史价值成为欧陆各国文人雅士追求目标之际，足以表征各国过往辉煌传统的中世纪时期社会制度、艺术及建筑典型代表，就成为这类民间文学偏爱的焦点，尤其 1812 至 1858 年间由德国文学家雅各布·格林（Jakob Grimm，1785—1863）及威廉·格林（Wilhelm Grimm，1786—1859）两兄弟出版的《格林童话》更成为形塑城堡怪诞印象的祖师爷。

在多达 210 则的童话中，诸如《灰姑娘》《睡美人》《白雪公主》《长发公主》《青蛙王子》《勇敢的小裁缝》等童话场景或主角，都和王子公主等生活在城堡中的统治阶级有关。综观童话中的勾勒，虽然对实际中世纪城堡的外形、规模几乎少有细节描述，而只是以平铺直叙的文字方式带出故事地点或其中的贵族阶级等人物。但借其广为流传的影响力及原始作为幼童识字、启蒙功能的易读性写作设定——德文原名为《儿童与家庭童话》（Kinder- und Hausmärchen）——却足以编织后世对城堡虚幻的想象。

《格林童话》中的内容，主要多为两兄弟采集自幼成长、居住地区附近流传的民间故事集结而成。由于兄弟两人出生于哈瑙，成长于施泰瑙，又分别在卡塞尔及马尔堡等地完成其学业，并于哥廷根大学任教，几乎前半生都只在现今德国中部黑森州（Hessen）境内度过，因此搜集到的童话几乎都与这个区域，或流经其间的威悉河中下游地区民间故事有关。加上这块区域正位处中世纪城堡发展的核心，境内大小诸侯、伯爵、帝王，甚至主教等封建统治者所属领土破碎、交杂散布。各类型土地领主为保护其领土财产，无不大肆兴建城堡，故区域中城堡建筑能见度较为密集，并逐渐融入为当地文化地景一部分，转化成足以酿生、勾勒民间浪漫故事的环境场景。

探究古堡的真实样貌

究竟城堡——尤其是欧洲中世纪城堡——建筑的真实功能与样貌，及当时居住其中城堡贵族的实际生活环境为何？这些都是游客造访各地迪士尼城堡乐园，自助或跟团参加二至三周德国新天鹅堡、城堡大道甚至奥匈捷城堡之旅时，无法真正体察的面向。不论是以欧洲行脚为乐的自助旅人、中世纪建筑研究狂，还是一般对浪漫城堡生活向往的白日梦家，或许应回归原始中世纪城

1-1 后世的塑造让人对城堡充满浪漫绮想。

1-2 威利巴尔德城堡。

　　　　　　古堡的秘密

堡建筑现存实际本体，由历史、功能、类型及其结构观点，才能逐步认识、理解这种西方建筑史上最为多元丰富、造型特异的人文建筑类型，而非持续停留在二十世纪后各种"山寨型城堡"或甚至近年梨山、清境农场上特产之"城堡民宿"的谬误印象，进而影响对这种可绝佳反映欧洲中世纪时期特有政治、历史、经济和社会文化环境类型建筑的理解。

结合军事堡垒与生活住所的建筑

中世纪城堡，不仅是最能代表欧洲自公元六世纪至十六世纪间、将近一千年内文明发展的建筑艺术之一，也是兼具居住及防御双重功能的封建贵族住所。虽然这种建筑类型也出现在欧洲基督教文化国家以外的其他文明地区，但无疑地，随着十九世纪浪漫主义盛行，对中世纪城堡生活及其文化所激发的醉心崇尚及追思，以及二十世纪西方电影、小说、卡通等大众媒体对欧陆古堡的浪漫塑造及全球化强力倾销，使欧洲中世纪时期城堡几乎成为人类面对建筑文明发展认知中，就城堡这类型建筑在脑中留下的唯一式样或类型同义词。

现代西方语言中所指称的城堡一词，主要源自拉丁文中 castra、castellum 及 burgus 三个词语，但这三词本义却又和现代人所认知的中世纪城堡有些许差异。castra 和 castellum 实际上可同指罗马帝国时期，由罗马军队擘建、驻守的统治性军事堡垒或营区；burgus 则专指具防卫、瞭望等抵御功能的高塔。实际上，欧洲中世纪城堡之外形及机能可说结合前述两种词语的意涵，但又同时具备提供城堡统治者长期居住、生活其中的建筑空间概念及实体。

不论这几个拉丁文的原始词语意义为何，今日欧洲拉丁语系及日耳曼语系中的城堡一词（如英文 castle、法文 château、意大利文 castello、西班牙文 castillo、荷兰文 kaastel、德文 Burg、丹麦文及瑞典文 borg 等；其中法文 bourg 则又是由日耳曼语系中 burg、borg 等词衍生而成）的确是由这几个拉丁词语演变出来，并随着中世纪城堡发展而转化到各国当地语言系统中，而欧陆中世纪城堡主要分布区域，绝大多数正适巧囊括在这两个语系所通行的地理区域中。

欧洲中世纪城堡并没有一个或少数几个可概括归纳出的标准建筑模式，每座城堡基本上都是件独一无二的建筑艺术创作，并随着其所坐落的地势位置，兴建设定功能，城堡主人本身社会地位、经济财力，甚至各地区固有建筑艺术风格、营造传统的差异而有所不同。但不论其外形差异为何，城门、城塔、城堡宫殿、防卫主塔、城堡礼拜堂及城堡中庭，都是每座城堡必备的基本建筑元素，由这些元素再陆续发展出不同设计类型或风格子题。至于中世纪时期，特别是公元十至十六世纪中叶的城堡世纪中，欧洲各地兴建的城堡总数量，实难以仔细统计出。尤其是许多只见于文献记载，大约在十至十一世纪时期兴建的城堡，陆续因后续战乱摧毁或城堡家族灭绝等因素而遭到遗弃，进而完全消失在荒山蔓草中，难以确定其存在的真实性。

　　根据二十世纪以来城堡建筑史研究学者瓦尔特·霍茨（Walter Holz）及乌尔里希·格罗斯曼（G. Ulrich Großmann）等人的调查估计，在当时统治中欧地区的神圣罗马帝国境内（800—1806，即现在德国、瑞士、奥地利、法国阿尔萨斯及意大利南蒂罗尔等德语系地区）约有 13,100 座可确实考证的城堡存在，法国境内约有 1,000 座，而英格兰及苏格兰则各约有 600 座。

神圣罗马帝国大量兴建城堡

　　而欧洲中世纪城堡特别集中兴建在当时神圣罗马帝国境内的实况，也突显出当时欧洲政治、历史发展之实际背景。与当时英、法等封建国家相比，整个庞大帝国建立在一个更为松散，由层层地方诸侯、伯爵统治体系组成的封建君主政体上。加上原本专属君王兴建城堡的权利，也随之释放到中下阶层的封建贵族手

1–3 十三世纪中，兴建于上阿尔萨斯地区之韦克蒙德（Weck-mund）城堡遗址及其防卫主塔。

中，使得此时城堡林立设置于帝国各境内，不像英、法等国，城堡兴建权利尚能大致紧控在王室手中。而在整个范围辽阔的帝国境内，则又以现在德国境内科隆至弗莱堡间的莱茵河中上游沿岸及其摩泽尔河、兰河、纳尔河、美因河、内卡河、萨尔河等支流流域，及当时属于帝国一部分的法国阿尔萨斯、孚日等山区为最为密集（1–3）。另外则有少部分集中在现今德国威悉河上游、易北河中游及其萨勒河、穆尔德河等支流，横跨现德国图林根及萨克森间之区域。而帝国境内中世纪城堡特别集中在前述莱茵河中、上游区域的主因，系基于这块区域在当时正是整个神圣罗马帝国历史上最早开发之地，为政治发展的核心区域。整个神圣罗马帝国在中世纪初期及中期最致力于城堡设置的奥托（Ottonen，919—1024）、萨利安（Salier，1024—1125）及斯陶芬（Staufer，1138—1254）等三个王朝中，就有萨利安及斯陶芬王朝家族源起于这个地理区域中。另外，当时有权推选神圣罗马帝国皇帝的七位"选帝侯"中，科隆、美因茨（Mainz）及特里尔（Trier）三位大主教和莱茵普法尔茨伯爵（Pfalzgrafen bei Rhein）等四位选帝侯所属领土就位于这块区域间。这四位选帝侯不仅在帝国境内比一般普通地方侯爵享有更多特权及崇高地位外，彼此领土破碎又紧密相邻，在激烈的竞争关系下，自然无不到处大肆兴建城堡，促使这块区域成为欧洲中世纪城堡密集地区。基于这些历史事实发展及现况，笔者在讨论欧洲中世纪城堡历史、形式及各部分建筑元素时，尽可能以着重位处这块区域中的城堡为举例对象，必要之处则以其他欧洲地区城堡为辅佐及例证。

政治动乱频仍，城堡保存不易

值得一提的是，当时偌大帝国境内虽设置为数众多的中世纪城堡，但就保存完整度而言，相较其他诸多位于英、法或南意大利等地城堡，多数却未能完整保存迄今。而这其间之差异，亦反映出当时欧洲政治地理及历史因素的影响。因为这个以日耳曼语系民族为主干建立的神圣罗马帝国刚好位处中欧，是历史上东、西欧双边封建势力及西亚民族贸易、文化及政治版图扩张必经之处。帝国版图虽大，但实质上在中世纪之际，除帝国直属领地外，多数是由各地众多大小强弱不一、拥有自主统治权力的地方侯爵、大主教或帝国直属自由城邦等政治实体及区域所共同组成。对内自主，对外则名义上臣服在一个由帝国境内七位选帝侯共同推举的皇帝下，是个中央王权较不鲜明的邦联式帝国。帝国强盛与否，多数取决于帝国内各势力的团结，以及各地区政治、社会及宗教制度的稳定性。

尤其在十五世纪后随着社会及宗教之动荡，势力积弱的帝国及其领土逐渐成为邻近中央集权的法国皇室、奥斯曼帝国，乃至十八世纪后兴起的俄罗

1-4 位于莱茵河右岸城镇奥彭海姆上方，十二世纪初兴建之兰茨克龙帝王城堡及 1689 年为法军摧毁之文艺复兴式城堡宫殿外观。

斯帝国的觊觎对象，成为欧洲战争频发地区之一。例如公元 1618 年，因宗教改革（1517）而引发欧洲各国为维护其势力及宗教代表权而酿生的"三十年战争"（1618—1648），就以此为主战场，当时以瑞典国王古斯塔夫二世（Gustav II Adolf，1594—1632）及帝国北部、东部信奉新教等公国为首的新教徒联军，就与由帝国境内南部诸邦及哈布斯堡王朝（Habsburg）所组成的天主教联军彼此厮杀，致使诸多中世纪城堡遭摧残。至此，也致使帝国陷入近两百年近似分崩离析的衰弱期。

不过，在欧洲历史上对帝国境内中世纪城堡建筑最为致命的人为破坏，莫过于法国国王路易十四（Louis XIV，1638—1715）为发展其天然疆域，积极东拓疆土至莱茵河政策下，借故于公元 1688 年发动的普法尔茨公爵爵位继承战。在这场政治事件中，几乎致使所有当时位于莱茵河中游及其中、上游支流等中世纪城堡核心区域内完整保存的古堡——甚至十六世纪后半叶开始兴起的文艺复兴式宫殿城堡建筑——遭破坏殆尽，仅能以残破废墟的样貌遗留后世（1-4）。相较之下，多数由法国王室于卢瓦尔河沿岸兴建的城堡，则多能未受破坏地完整保存，甚至于后世不断增建，成为今日当地重要观光及历史人文资产。不过也因这项原因，反而使这些残存之城堡废墟能保存较多最为真实之中世纪城堡样式或原始建材遗留。反观原本法国王室设置的中世纪城堡多数在未经战乱破坏下，反

城堡悲歌：普法尔茨公爵爵位继承战

公元 1671 年，当时出身神圣罗马帝国普法尔茨伯爵家族的伊丽莎白·夏洛特（Liselotte von der Pfalz, 1652—1722），下嫁法王路易十四胞弟——奥尔良大公菲利普一世（Phillippe I d'Orléans, 1640—1701）。在这场政治联姻展开之际，原先普法尔茨伯爵卡尔一世·路德维希（Karl I Ludwig von der Pfalz, 1617—1680）希望借此能促成其疆域西南部与法国接壤地区之稳固，而法王路易十四也签署承诺，放弃对未来伊丽莎白·夏洛特父系家族领土的继承与干预。未料 1685 年伯爵与伊丽莎白·夏洛特哥哥卡尔二世（Karl II von der Pfalz, 1651—1685）先后去世，伯爵原属普法尔茨-锡门（Pfalz-Simmern）世系就此因无男性子嗣继承而灭绝，法王则觊觎该领土下趁机毁诺，出兵强占伯爵所属领土。

就中欧城堡建筑文化遗产而言，法国这场入侵战争无疑是最大悲歌。进入伯爵位处帝国西南部莱茵河左岸、普法尔茨林区、洪斯吕克山区等领土后，法军遂对境内所有大型城镇及要塞大肆纵火破坏，甚至侵犯科隆、特里尔、美因茨主教、黑森伯爵、莱宁根伯爵（Grafen von Leiningen）及符腾堡大公（Herzöge von Württemberg）等其他邻近帝国封建诸侯领土。尤其公元 1689 年，法军担心德国境内诸侯或有志之士，会利用上述地区内各种仍持续使用或早已遗弃、荒废的中世纪城堡作

1-5 海德堡宫殿城堡内，十七世纪末于普法尔茨公爵爵位继承战中遭法军爆破的圆形炮塔（前）及火药塔（后）。

为藏匿并反抗法军的武装基地，离去时遂将莱茵河谷左右两岸、上游阿尔萨斯及符腾堡等地境内逾百座中世纪遗存的城堡或新式要塞爆破，毁坏殆尽。尤其是城堡内高耸、可用以观测瞭望的"防卫主塔"，或低矮、可容纳火炮设施的"圆形炮塔"等部分，更为主要摧毁目标。导致莱茵河谷左右两岸逾三十座城堡中，除位于左岸马克斯堡（Marksburg）外，其余全数均遭破坏命运，形成今日莱茵河谷两岸可观察到许多残破城堡遗址之因。

而在这场破坏行动中，诸如海德堡宫殿（Schloss Heidelberg，1-5）、莱茵岩城堡（Burg Rheinfels）、哈尔登堡（Hardenburg）等帝国境内西南部当时新颖的北方文艺复兴式大型城堡，全数毁灭，仅能由残屋破塔遥想当时的壮丽外貌。

而为配合后续各时期使用、装饰需求，重建或改建为文艺复兴、巴洛克式宫殿，或甚至转化为十九世纪浪漫主义兴盛下的新哥特式城堡，泰半失去了中世纪城堡原有真实朴素的风貌，并增加过多不符当时城堡建筑的装饰元素。

城堡中的生活

中世纪城堡中的生活不像十九世纪浪漫主义思潮盛行下，童话故事中所描述或二十世纪后大众传播媒介所形塑出的世界一样华丽浪漫。在一个平均寿命只达四十五岁、每百位新生儿中只有不到四十人能活满一足岁的时代，除了君王或阶级较高的统治公爵家族外，对绝大多数普通的低层封建或骑士家族而言，城堡中的生活其实既不舒适且缺乏卫生条件。封建阶级居住的环境品质几乎和一般乡间农民或工匠家庭没有太大差别，也没有太多额外财力及能力去大肆华丽地装饰其生活空间，以彰显和一般平民、农民间的阶级差异。

中世纪城堡内的人员组成基本上并不庞杂，依据德国中世纪城堡研究学者安雅·格雷贝（Anja Grebe）及乌尔里希·格罗斯曼的调查，绝大多数城堡只是由十到十五人组成的共同生活居住体。除城堡主人和其配偶外，每个城堡家族平均而言最多只有四位能存活到成年年龄的子女，另外，同时并与其他几位宗族亲戚共同生活。至于城堡内的仆役也只限于进行厨房、马房或其他工匠等工作，许多小型城堡内更没有专司看守的戍卫人员，通常由职司其他工作的仆役兼代。至于散布在国王或大型公爵诸侯领土内的城堡，平时则委托城堡管理者看管，而这些管理者在中世纪中期后不但转化成享有部分权力的世袭职位，随后更逐步晋升为贵族封建家族。

在教育不发达、书写识字率不高的年代，基本上多数城堡贵族及骑士只是群徒有统治地位，却和一般农民、工匠一样毫无阅读能力的文盲。尤其在十三世纪中世纪宫廷文化尚未盛行之前，只有修道院僧侣及神职人员才有阅读、书写及识字能力，当时教育资源主要掌握在神职人员手中。也因此对许多君主或公爵而言，唯有在修道院或主教宫廷中才能找到适当人才出掌并管理其下的文书官僚体系，并成为统治者的政策顾问。至于一般贵族男性后代，通常七岁后就被送入其他贵族亲戚的城堡宫廷中成为学徒或马童（Knappe），负责学习管理及维护城堡主人的兵器或坐骑，并协助主人进行平时马术竞技练习、狩猎及战时格斗之准备。借由这些过程，学徒亦可学习骑士之道及战争决斗之技巧。大约二十一岁后，若通过相关骑士测验，就可获封骑士头衔，结束这段学习旅程并离开原来侍奉之宫廷。至于在物质生活满足上，除少数君主或高层公爵宫廷外，多数中世纪城堡内的生活质量顶多只能维持最基本甚至几近原始的方式。由于多数城堡位居高处，维持固定水源不易，光是用水问题就足以对生活质量带来不利影响。另外，在十五世纪之前，城堡内部空间及用途并没有严格固定的规范，多半宫殿内房间都属多功能用途。对许多小型骑士或贵族家庭而言，吃住都在同一空间内，睡觉则是在大通铺或地板上。由于畜栏或马房等经济型用途建筑空间也都设置在其居住空间附近，因此房间内时而充满牲畜体味或粪便味道，老鼠更是四处藏匿屋中。如此生活条件下，许多城堡贵族身上患有皮肤疾病或藏有虱子的情形就不足为奇。

而就居住环境而论，许多山林间的小型城堡都地处偏僻，矗立在云雾环绕之处，平时室内充满凉寒湿气。当时的城堡并非每个房间都架有壁炉设备以维持室内干燥和温暖，因此城堡贵族常患有风湿或关节炎等慢性病。加上许多年轻贵族骑士长年征战，以致许多家族后嗣常于青壮之年就命丧沙场，这些都是导致城堡贵族平均寿命较低之因。也致使许多小型城堡设置后不到一两个世纪就因没有男性后嗣传承而荒废，或被其他远房氏族继承、占有。

整体而论，现代人对中世纪城堡内贵族浪漫而富裕的生活，乃至城堡内华丽设计的想象，实源自十九世纪后艺术、文学怀旧思潮影响；另一方面，这股浪漫主义思想又泰半来自中世纪宫廷抒情诗歌文学的催化。不过除少数如中世纪晚期蒂罗尔（Tirol）骑士奥斯瓦尔德·冯·沃肯斯坦（Oswald von Wolkenstein，1377—1445）对当时城堡生活的传记型诗歌描述外，鲜少留有较多描述当时实际生活的真实记载传世。文献史料不足下，让中世纪初期及中期的真实城堡生活流于人们的凭空臆测或后世的错误描述，造成当今人们对当时城堡生活豪华、谬误的刻板印象。

骑士与文学：
中世纪城堡文化的
浪漫起源

骑士是西方中世纪政治结构下产生的特有社会阶层，同时并形塑出当时独特的文化、思想发展。除了对基督教的虔诚，并为捍卫宗教而战的意志外，尤其在政治上，骑士于整个封邑制度中强调重承诺，尽忠捍卫上层领主，崇尚武德；在文化上，这种类似对政治及宗教忠贞之情，亦转化到对爱情及少女追求上，除以才德取人外，也强调对爱情坚贞的重要。这些特质也构成当时所谓"骑士精神"的特点。而部分少数具有文采的骑士阶级更以其诗歌造诣，留下当时由中世纪城堡宫廷中发展出的抒情诗歌文学，或演进为以骑士冒险历程及其德性为主题的骑士文学。

恋歌或中世纪宫廷抒情诗歌（Minnesang），是十二、十三世纪后在城堡宫廷发展出的抒情诗体。这类对封建贵族妇女或仕女爱慕之情而抒发的爱恋诗歌，最早源自十二世纪中叶法国普罗旺斯地区贵族宫廷内，以当地方言发展出之抒情诗创作文化。随后并流传至意大利及神圣罗马帝国境内等中欧各封建诸侯宫廷中，奠定各地中世纪民间方言文学的发展。这类诗歌尤其在当时帝国境内获得蓬勃进展，而德文 Minnesang 一词更成为后世学者研究中世纪城堡宫廷诗歌文学的专用词。综观其内容，除强调对爱慕之人亲密感情外，部分题材也结合十字军东征等骑士冒险情节。其中公元十四世纪初，由苏黎世富商马内塞（Manesse）家族汇编而成的《马内塞手抄本》（Codex Manesse）中就收录110位十二至十四世纪抒情诗歌创作者，以古高地德语留下之作品，并依作者阶级，如帝王、侯爵、骑士、大师等分类，每位诗人作品前甚至附上作者绘像及家族徽章（1-6）。

除短篇抒情诗歌外，以骑士为主角的长篇骑士文学也是一种于此时发展出的宫廷文学类型。不过，除了十一世纪法国流传的《罗兰之歌》（La Chanson de Roland），是以描述跟随查理曼大帝南征西班牙及巴斯克等地区的骑士罗兰为主的史实故事外，其余多由古希腊罗马或北欧史诗作品衍生而来，诸如关于亚历山大或阿瑟王的史诗故事或由德国抒情诗人沃尔夫拉姆·冯·埃申巴赫

1-6《马内塞手抄本》中抒情诗人克里斯坦·冯·哈姆雷（Kristan von Hamle）作者图像。

（Wolfram von Eschenbach，约 1160—1220）于十三世纪初传世的《帕西法尔》（*Parzival*）等故事。

　　而中世纪骑士文学最后巅峰之作，莫过于神圣罗马帝国皇帝马克西米利安一世（Maximilian I，1459—1519）创作的《珍贵思想》（*Theuerdank*）。其内容是以皇帝个人英雄事迹，结合虚构骑士特尔当克（Thewrdanck），历经阻碍后终究取得美人芳心的冒险故事为主题。而这种将帝王委身、类比骑士文武才德兼备的思想，亦展现当时对骑士的崇敬。不过，马克西米利安可算最后一位推崇中世纪骑士精神的人物，随着政治制度、文化思潮的改变，骑士宫廷文学及对骑士美德之推崇也在此告终。

第二章

中世纪城堡建筑发展三部曲

如同其他类型的西方艺术发展历程，中世纪城堡也是一种历经数世纪连续性、线性发展而逐步成熟之建筑艺术，并非一开始就奠定现有所认知或保存的样式及类型。欧洲中世纪城堡的设置，主要活跃于公元 900 到 1550 年间所谓 650 年的城堡世纪中，在西洋艺术史上适巧历经中世纪中期盛行之罗马式艺术、中世纪末期的哥特式艺术，及公元十五世纪初由意大利发展成形之文艺复兴等三个艺术风格时期。政治上亦历经由饱受战乱纷扰、根基在采邑制度及迁徙式君主政体上的松散封建帝国，逐渐过渡到迈向文艺复兴及巴洛克时代，封建君主倡导文艺赞助但又强调绝对君权的开明专制统治时期。随着各时代政治局势、使用需求或建筑思潮演变，整个城堡世纪之发展可大致划分为三个阶段：

（1）十至十一世纪的开端期，

（2）十二至十三世纪的全盛期，

（3）以及十四到十六世纪中叶的结束期。

值得注意的是，这种时代分类系立基于探讨中世纪城堡建筑发展所需，以利对各时期建筑元素、形式及风格做初步归纳、分析而划分，并不具有绝对性。

此外，在进一步阐明城堡建筑发展史前，读者必须理解，上述三种类型城堡建筑艺术风格发展是以渐进、重叠方式进行，而当时欧洲各国基于政治形势、社会、文化发展及艺术传统的差异，也孕育出不同城堡形式、风格及不同发展速度。例如文艺复兴发源地的意大利，早在十五世纪中叶就已结束整个中世纪城堡建筑的发展，而迈入文艺复兴式宫殿建筑时代；但同时期位于中欧的神圣罗马帝国在建筑艺术风格发展上，仍滞留于哥特式艺术风格时期，将近一百年后，帝国内建筑艺术风格才于十六世纪中叶迈入与南欧相近的文艺复兴风格时期。

公元十至十一世纪——开始

欧洲中世纪城堡并非是公元十世纪后才倏然出现的建筑形式。早在罗马帝国时代就有所谓"城堡"（castra）存在，而这些外形多半呈正方形并由夯实土墙环绕之城堡，如同军营一样，主要作为罗马兵团捍卫领土之用，属于纯粹军事性功能建筑（2-1）[①]。城堡外则有聚落建筑依附城堡四周群聚而生，成为欧洲城市与城堡共存发展之原型。至于当时封建君主及贵族所属的宫殿建

---

① 自罗马人于公元三世纪初期逐渐撤出所占领之日耳曼地区土地后，如科隆、特里尔、美因茨等多数罗马帝国时期所设置之军营城堡又接续为当时日耳曼民族使用，并逐渐奠定尔后中世纪初期欧陆城市发展基础。

2-1 十九世纪末于德国中部萨尔堡复原的罗马时期兵团军营城堡外墙及正门双塔。

筑，并未和随后中世纪贵族城堡一般单独由高大城墙防护围绕，而是和所有城市中居民共同生活在一个由城墙及城门环绕的聚落中。这种贵族宫殿并未与平民建筑隔离的城市规划方式，在某种程度上，反而与中世纪城堡时代结束后、十六世纪中叶逐渐出现的文艺复兴或巴洛克式贵族宫殿建筑设置相近。

尔后随着东欧各支日耳曼民族为躲避匈奴人西征，大批以武力掠夺方式向中欧、西欧等地进行迁徙（形成欧洲历史上所谓民族大迁徙时期），间接促成公元476年西罗马帝国灭亡后，欧洲各地就陷于战乱动荡的局面。不论是新移民或本地居民，为防范不同国家或民族攻击，在各地纷纷设置战难时作为聚落中最后维护安全的"避难城堡"。不过这些避难城堡基本上只是一种在经由人工夯实，并采木桩为墙所包围之土丘上，以木结构兴建的简易"土基座防卫建筑"。这类初期城堡结构因建材持久度、保存性不佳之故，多已腐毁在荒烟蔓草中，但这种原始建筑结构却逐渐转变为中世纪封建贵族城堡的原型。

欧洲中世纪城堡发展历史最早可追溯至公元八世纪，当时伦巴第的本笃派修士暨历史学者保罗执事斯（Paulus Diaconus，725—799）在其编撰之《伦巴第史》中，就记载到公元590年左右，中欧阿尔卑斯山附近存在着许多城堡。但由于这些在当时统治中、西欧的梅洛温（Merowinger，公元5—8世纪）及加洛林（Karolinger，公元8—10世纪）王朝期间设置的城堡多是以简易、持久性不佳的建材兴建，容易遭受攻击而摧毁及后续改建等因素，同样已不复在，也难由田野考古中探究出真实全貌。直到公元十至十一世

城堡发展		初期城堡	开端期（10—11世纪）

城堡发展

约1150
朝臣城堡明岑贝格城堡设置——中世纪封邑制度及领土扩张政策巅峰

约795—803
查理曼大帝设置亚琛行宫——中世纪迁徙式君主政体盛行

1130后
粗面巨石块于斯陶芬王朝后中世纪城堡城墙大幅运用

1068
英国约克城堡开始兴建——中世纪初盛行之人造土丘楼塔型城堡

艺术形式		罗马式			
公元	700	800	900	1000	1100

历史事件

800
法兰克王国查理曼大帝于罗马加冕为皇帝

约1000
封邑制度兴起

1154—1250
斯陶芬王朝南征意

843
法兰克王国分裂，为德、法两国王权之始

1095—1285
十字军东征

968
奥托王朝东征斯拉夫地区

1066
诺曼底公爵征服威廉入侵英格加冕为英王

940
奥托一世颁布城堡兴建敕令

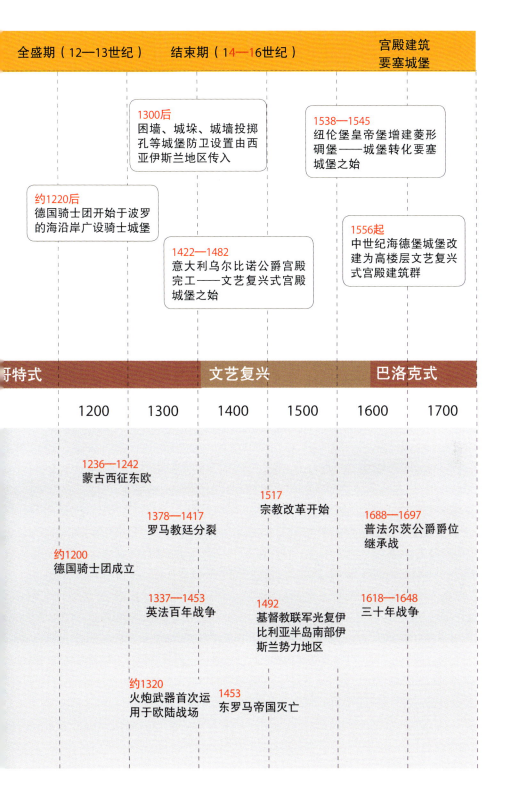

全盛期（12—13世纪）　　结束期（14—16世纪）　　　　宫殿建筑
　　　　　　　　　　　　　　　　　　　　　　　　要塞城堡

1300后
困墙、城垛、城墙投掷
孔等城堡防卫设置由西
亚伊斯兰地区传入

1538—1545
纽伦堡皇帝堡增建菱形
碉堡——城堡转化要塞
城堡之始

约1220后
德国骑士团开始于波罗
的海沿岸广设骑士城堡

1422—1482
意大利乌尔比诺公爵宫殿
完工——文艺复兴式宫殿
城堡之始

1556起
中世纪海德堡城堡改
建为高楼层文艺复兴
式宫殿建筑群

哥特式　　　　　　　文艺复兴　　　　巴洛克式

1200　　1300　　1400　　1500　　1600　　1700

1236—1242
蒙古西征东欧

1517
宗教改革开始

1378—1417
罗马教廷分裂

1688—1697
普法尔茨公爵爵位
继承战

约1200
德国骑士团成立

1337—1453
英法百年战争

1492
基督教联军光复伊
比利亚半岛南部伊
斯兰势力地区

1618—1648
三十年战争

约1320
火炮武器首次运
用于欧陆战场

1453
东罗马帝国灭亡

2-3 英国约克市中心设置的中世纪初期人造土基座城堡——克里福特塔城堡及其对称四叶幸运草形圆弧外观。

纪，中世纪贵族所属城堡或庄园陆续以石材取代木材作为建筑材料后，部分源自这时期的城堡才能以残存的样貌保留至今，可实证的中世纪城堡历史才得以由此展开。

萌芽期的城堡外形和前述中世纪初期发展出的避难城堡颇为相似，都是建立在由壕沟及木桩环绕的天然或人工土丘上的建筑体，城堡中心则通常是一栋兼具居住及瞭望、防御功能的方柱体形楼塔。这种平均 15 到 20 米高的楼塔，基本上是由罗马帝国边境城墙或军营中设立的瞭望塔（2-2）演变而来，至此却逐渐转化为十、十一世纪普遍的贵族居住建筑形式，随后并保存在中世纪盛期多数英、法两国城堡建筑中。公元 1068 年左右，诺曼底公爵征服者威廉（William the Conqueror，1027—1087）入主英国王位后，于约克（York）兴建的城堡，即是一座设置在人造土丘基座上的楼塔型城堡。虽然原有威廉时期营造的早期木结构城堡，早已于十三世纪中被英王亨利三世（Henry III，1207—1272）下令兴建的克里福特塔城堡（Clifford's Tower）所取代，但整座新式城堡仍维持原有高耸、坐落于土丘的样式（2-3）。此外，在十一世纪中，原本全木造或外墙敷以泥灰的楼塔也在这个时期由石造建筑取代。诸如位于德国黑森州南部三橡林城堡（Burg Dreieichenhain）中，就遗留一座约公元 1085 年兴建的早期石造居住楼塔遗迹（2-4），虽然原始方形、四层楼高的楼塔现在只剩一面高墙矗立在土丘上，但仍然展现出早期中世纪城堡简单朴素的面貌。而除帝王或高级封建贵族所属城堡外，这时期其余城堡外形基本上都

城堡的兴建

中世纪城堡多为高耸厚重的建筑物，其设置兴建至少需结合诸如石匠、筑墙工、泥水匠、机械师、车床师、木工、雕刻师、工程师等众人之力才得以完成。而除公元十世纪之前的早期中世纪城堡外，多数中世纪城堡均是以石造为主的建筑，因此石材的使用、取得及输送在中世纪城堡兴建过程中，尤具关键角色。

石材建筑不仅成本高，其运送、兴建也较为麻烦，对多数兴建于山坡或山顶地区的城堡而言，无不尽可能以就地取材方式兴建，因此亦形成区域间城堡石材选择、颜色外观的特殊差异及复杂变化。单单以莱茵河谷为例，其下游流经现德国西部艾费尔（Eifel）火山地区，故当地城堡多以就地取得的黑褐色火成岩兴建，致使城堡外观多呈深色，墙面多具孔隙。而河谷中游及上游山区则多产页岩、板岩或硬度不佳之碎石岩层，故当地城堡墙面外观多属褐色至棕色，并由狭长板岩或碎石筑成。至于河谷上游以南，乃至于黑森及阿尔萨斯等地，则逐渐进入岩层相对较为坚硬的砂岩地区，故城堡多半采用可凿切成大型石块的棕色或红色砂岩设置，形成该区城堡多为暖色调的墙面外观。至于中欧北部平原或巴伐利亚、北意大利等内陆地区，则因缺乏天然石材之故，仅能以窑烧制成的红砖作为建材，形成特殊风貌（2-5）。

中世纪城堡外观高大，如何将厚重石材悬吊至高处，是营建时的重要课题。在只能应用滑轮、杠杆的半机械化时代，

2-5 以不同石材兴建形成之城堡外观变化。

由左至右依序为：莱茵河谷下游安德纳赫城堡黑褐色火成岩外墙、莱茵河谷中游施塔莱克城堡片岩暨碎石外墙、盖尔恩豪森行宫红色砂岩外墙、巴伐利亚特劳斯尼茨城堡红砖外墙。

2-6 凯泽斯劳滕行宫宫殿遗址基座填夹墙横断面（左）及其两侧大型裁砌石块。

石材悬吊传送是利用牲畜，以如同磨坊运作般回旋拉动横杆，带动滑轮的方式升起，或是以类似水车结构般的直立踏轮，以人力踩动方式带动。这种由人站立于踏轮中央，以登台阶方式运作的踏轮设计，较牲畜产生的动能来源更为稳定快速。而踏轮亦可搭建在地面或墙顶鹰架的便利设置方式，也成为城堡兴建时最有效率的悬臂带动装置。但在高度落差不大或施作空间不宽广的建筑工地，因无法架设大型直立踏轮，只能架设以臂力垂直回旋的滑轮吊具升起石材重物。

　　至于城堡城墙或其中各类建筑的外墙，泰半都是用填夹墙方式兴建，也就是用粗泥整齐堆砌墙面内外两侧石块墙后，再将中间数米宽的空隙利用各种不同碎石块、砖头或从别处建筑遗址取得可再利用的石材，混以黏、泥土后再予以填满（2-6）。由于这些外墙大型石材都是现成以人工处理过的耐用建材，甚为宝贵，故每当中世纪城堡遭到废弃后，外墙上裁砌好的大型石块往往成为城堡遗址附近聚落居民拆除再利用，充作兴建私人民宅的现成采石场，或搬移作为城墙、教堂等建筑外墙使用，使原本填于夹墙中不规则的碎石块暴露于墙外，造成城堡墙面石拆除前后明显外观对比（2-7）。

2-7 古腾堡城堡中，以填夹墙方式兴建之防卫主塔，及原有外墙石块拆除后裸露之夹墙中碎石。

2-8 十二世纪初兴建于莱茵河谷左岸的旬恩堡城堡及其盾墙上方连续圆拱壁饰。

只是一座简单的建筑物，外墙几乎无任何雕塑装饰。直到十一世纪末十二世纪初之后，少数建筑外墙上才逐渐出现当时流行的罗马式圆拱窗或连续圆拱壁饰，为看似简单的建筑增添些许装饰效果（2-8）。

公元十二至十三世纪——全盛

十二、十三世纪不只是中世纪城堡兴建的全盛期，也是城堡建筑形式发展的关键时刻。这一时期，欧洲各地因各种政治、军事、宗教或经济动乱，无不如火如荼地兴建城堡，而中世纪城堡中各项基本建筑元素或防御系统，也多在这期间发展完成。促使中世纪城堡兴建浪潮在此时达到高峰的因素很多，但首要原因莫过于中世纪封邑制度发展也在同时期达到全盛。自西罗马帝国灭亡后，中央集权式的政治统治便暂时在欧洲政治舞台上局部消失，在往后欧洲近一千年的中世纪时期中，欧洲各国权力统治主要是建立在封建政体上，尤其是九世纪后横霸整个中、西欧的神圣罗马帝国。由于这个欧陆帝国领土辽阔，疆域所包含的民族众多，因此当时君主只好区域性地将其土地财产出借、分封其他大公、侯爵、朝臣等封邑领主代为管理。另一方面，这些封邑领主亦可再将部分封邑册封给其他伯爵、骑士等低阶贵族。至于不同阶层间的"封邑者"和"封邑领主"间的权利及义务，则靠着受封时的忠诚宣誓做规范。基本上封邑者要效忠并保护封邑领主，而领主则通常对封邑者提供军事行动上的协助及治理上的建议，因此整个神圣罗马帝国初期是建立在较为松散的层层封建体系上。

公元 940 年间，帝国中奥托王朝的奥托一世（Otto I，936—973）更颁布影响至一般贫民阶级的《城堡兴建敕令》，其中规定城堡主人可征集所统治地区百姓以徭役方式为当地统治者兴建城堡，但城堡主人在战乱时亦需开城接纳臣属以为庇护之处。

另外，自公元十二世纪后，整个帝国皇帝主要为美因茨、科隆、特里尔三位大主教，及普法尔茨伯爵、萨克森公爵、勃兰登堡边境伯爵及波希米亚国王等七位"选帝侯"共同推选产生。在七位选帝侯于所有封建贵族中又享有绝对崇高地位情形下，自然帝国王权亦逐渐衰微[①]。尤其自公元 1254 年帝国中的斯陶芬王朝（Haus Staufer）结束后，每位选帝侯只想妥协选出一位对自身家族在其所属领土权益发展上有助益的皇帝，使得皇帝几乎变成帝国表面上对外团结的象征，帝国内所有封建贵族的虚位共主。而到十四世纪末期，帝国皇帝更几乎只能有效统治原本就属于自身家族领土的区域。在如此王权式微的封建体制下，原本属于皇帝专有的城堡兴建权利也逐渐在十二世纪后向下释出。不论是区域性的大公、诸侯、主教或甚至地方上的小伯爵、骑士家族无不在这段时期纷纷在其领土内兴建各种用途的城堡，以维护其权利、财产及收入。和神圣罗马帝国相比，此时欧洲其他各国并没有建立在一个松散的多层封建体制上，因此城堡兴建权利在法国、英国或西班牙等地仍多半能维持在王室手中。

除中世纪封邑制度在此时发展到巅峰外，许多封建贵族更将城堡兴建视为捍卫其领土完整或贯彻领土扩张政策的工具，这也构成城堡在此期间大量兴建的重要原因。以神圣罗马帝国斯陶芬王朝中的弗里德里希一世（Friedrich I，1122—1190）及弗里德里希二世（Friedrich II，1194—1250）等皇帝为例，为有效统治其广大领土，两者遂于帝国境内到处设立行宫或城堡，尤其是意大利中、北部地区，及原属斯拉夫民族统治的波希米亚及易北河右侧等在斯陶芬王朝下扩张所取得的新领土。其中弗里德里希二世为巩固所取得的意大利领土，执政期间更几乎只停留在于当地建立的行宫

---

① 直到公元 1806 年神圣罗马帝国被拿破仑（Napoleon Bonaparte，1769—1821）解散为止，帝国皇帝一直是由这群少数宗教及世俗封建领袖组成的选举团推选出。其中又以美因茨主教地位最为崇高，并兼任帝国首席内阁大臣（Erzkanzler）一职；当选举时发生票数相当情形，美因茨主教的意向则决定谁能出任为新的帝国皇帝。一直到十七世纪为止，选帝侯的人数一直维持中世纪的传统，随后因部分地区封建领主、公爵势力崛起及旧有政治势力的灭绝而逐渐增加到十一位宗教或封建统治领导人上。例如公元 1623 年，巴伐利亚公爵即取得选帝侯资格并于 1777 年逐渐取代原有普法尔茨伯爵地位。

或帝王城堡中，鲜少班师回朝到帝国位于中欧的核心地区统理朝政。除斯陶芬家族外，统治莱茵河中游河谷地区的卡岑埃尔恩博根伯爵家族（Grafen von Katzenelnbogen，1095—1479）及特里尔大主教巴尔度因一世（Erzbischof Balduin I von Trier，1285—1354），更是这一时期为执行领土扩张政策而大量兴建城堡的著名人物。由于卡岑埃尔恩博根伯爵家族领土正好位于美因茨及特里尔两位势力强大的选帝侯之间，因此伯爵家族当时便在其统治势力范围内的莱茵河河谷沿岸、陶努斯（Taunus）及洪斯吕克（Hunsrück）山区中，大量兴建城堡以维护领土完整。同一时间，特里尔大主教巴尔度因一世除觊觎卡氏家族在莱茵河沿岸的领土外，更为确保其位于莱茵河谷以东领土势力的稳固，同样在和卡氏家族领土接壤处的宏思儒克山区中或莱茵河附近，留下许多如巴尔度因角（Burg Balduinseck）、巴尔度因石（Burg Balduinstein）、巴尔登瑙（Burg Baldenau）等以主教为名的城堡，以宣示其领土扩张之决心，由其名称并对外彰显该区域的实际统治权。两者竞相争逐兴建城堡，亦增添莱茵河谷于中世纪时期城堡设置的密集度。

此外，欧洲各地出现的战争动乱及十字军东征，也是促成中世纪城堡在这段时期大幅设置的原因。自公元 1066 年，诺曼底公爵征服者威廉于黑斯廷斯战役中成功跨越英吉利海峡，登陆英格兰并继承为英国国王后，法国西北部、诺曼底半岛等地区及英国东南部一直到十五世纪中，都是欧陆战争频繁区域。诺曼底公爵是以异族的姿态登基为英国国王，但本身却又是法国王室的封邑领主之一，在其领导下，这个公爵家族的领土遂持续扩大，几乎占有当时近半个法国国土[①]。领土面积辽阔下，为担心英国本土盎格鲁–撒克逊民族不时反抗及来自法国王室本身的攻击，诺曼底公爵便在领土境内兴建众多城堡以维护其领土完整。相对法国的卡佩王室（Capétiens）而言，这个强大的封邑领主——诺曼底公爵暨英国国王——一直犹如芒刺在背，为其极力去除的对象。虽然公元 1204 年法国国王菲利普二世·奥古斯特（Philipp II August，1165—1223）最终击败当时英王约翰（亦称无地王约翰，John Lackland，1167—1216）并占领当时诺曼底公爵在法国的领土（史称安茹帝国，Empire angevin，1154—1242），但两国王室间情势反愈渐紧张，甚至更引发一世纪后的英法百年战争（1337—1453）。英法两地间因政治及军事情势长期持续紧张状态下，不断兴建城堡以加强防御，益促成城堡建筑在此时期兴起之因。

① 尤其十二世纪中叶（1180 年左右），整个法国西半部由诺曼底（Normandie）、布列塔尼（Bretagne）、中部安茹（Anjou）地区及南部波尔多（Bordeaux）至比利牛斯山北麓的领土更完全臣服在英国金雀花王朝（House of Plantagenet）下，法王直接统治势力范围几乎仅局限在巴黎附近的法兰西岛（Ile de France）等区域内。

除英、法两国间领土及王位继承问题外，伊斯兰势力在中世纪不断向欧洲基督教国家的扩张及侵略，亦是这时期欧洲不断陷于战乱之主因。自公元八世纪初，位在西班牙伊比利亚半岛的西哥特王国遭伊斯兰教徒入侵灭亡后，整个伊比利亚半岛几乎沦于阿拉伯民族统治中达七世纪之久，一直到公元 1492 年，半岛北部残存的基督教国家在卡斯蒂亚及阿拉贡王国领导下，才终于重新收复领土，并将伊斯兰教徒逐出西班牙半岛。而在这段争夺领土时期，基督教及伊斯兰教各方除不断兴建城堡外，许多伊斯兰军事城堡的防卫系统或火炮科技更因此传入欧洲本土。同样相似情形也出现在东南欧及希腊半岛等东罗马帝国地区，自七世纪末阿拉伯人不断向欧洲扩张后，直接和伊斯兰教帝国接壤的东罗马帝国首先受到冲击，帝国首都君士坦丁堡更饱受阿拉伯人长期围攻，直到公元 1453 年被奥斯曼帝国占领为止，因此这块区域也成为欧洲城堡设置集中区之一。

另外，随着中世纪阿拉伯帝国版图向西亚、东欧的扩张，亦间接刺激这股中世纪城堡兴建的浪潮，尤其是公元十二世纪后，由各欧洲十字军东征骑士团在近东地中海沿岸兴建的骑士团城堡。自公元八世纪阿拉伯人成功占领基督教圣城耶路撒冷及原属东罗马帝国的小亚细亚及地中海沿岸后，夺回失去的圣城和领土一直是基督徒竭力所求的目标。直到公元 1095 年在教宗乌尔班二世（Papst Urban II，1035—1099）号召下，基督徒才以较有组织规模的军事行动方式企图收回失土。虽然这股前后多达十八次的十字军东征（1095—1285）最终仍宣告失败，但各方基督教军队及骑士团却在现在土耳其西南部、黎巴嫩、叙利亚及以色列等地中海沿岸，留下众多十字军城堡遗址。

十二、十三世纪为中世纪城堡发展的成熟期，所有欧洲原创或外来城堡建筑元素都在此刻发展至巅峰。在建筑艺术史上，这段时间也是由中世纪初期罗马式演变至哥特式艺术的阶段，因此许多城堡建筑内部逐渐采用当时最流行的十字肋拱顶建筑（2-9），以取代早期简易的水平木板屋顶或筒状拱顶。至于在建筑外观上，罗马式的圆拱窗户亦为狭长哥特式尖拱窗户取代。不过此刻

2-9 德国西南部哈尔登堡内部，由十字肋拱顶支撑之地下通道。

中世纪骑士团:
城堡的散布者

"骑士团"是城堡世纪期间最能代表当时社会、政治发展的阶级群体之一,也是现代人想象中世纪城堡多元生活样式中,立即联想到的特殊团体。中世纪骑士团类型众多,但多数均因宗教或政治动机集合而成,过着类似修道院僧侣般清修的集体生活。由于在基督教信仰中,圣乔治(St. Georg)系因为捍卫宗教信仰而殉教的骑士圣徒,故成为尔后中世纪骑士团主要代表守护神。就中世纪城堡发展而言,对城堡规划、设置甚为活跃的骑士团体,莫过于曾参与十字军东征的圣殿骑士团、圣约翰骑士团及德国骑士团(亦称条顿骑士团)等军事团体。

骑士团基本上是种具有武装能力的基督教传教僧侣团体,和一般由封建贵族成员组成的骑士差异在于,骑士团的成员主要以宗教为其存在及生活、团体运作之重心。成员间并无家族关系,也无个人私有领土,其领地主要由如同修道院院长般的"大师"统领。某种程度上,骑士团亦扮演结合政治、宗教因素的武装帮派侵略角色。每当占领一块领土后,遂旋即兴建城堡作为扩张领土据点,或协助在东征期间由十字军扶植的西亚各地基督教王国,诸如耶路撒冷王国(Kingdom of Jerusalem,1099—1291)、安条克公国(Principality of Antioch,1098—1268)、埃德萨伯国(County of Edessa,1098—1149)及的黎波里伯国(County of Tripoli,1102—1289)等,以加强防御、捍卫伊斯兰教徒的攻击。

依据德国建筑史学者瓦尔特·霍茨研究,当时各基督教骑士团在西亚、地中海东岸地区,总计兴建约超过一百座骑士团城堡。和欧洲城堡相比,这些十字军城堡往往设立在人烟稀少之处,因此规模都略显格外庞大完整。而东征期间,骑士团成员也学习到阿拉伯人众多城堡防御设计概念并带回欧洲,融合至后来的欧洲城堡建筑中,例如"投掷孔"、"困墙"、在城门两侧设置防卫侧塔或储水槽等。

不过随着公元1291年圣殿骑士团撤离位在以色列北部、地中海滨的"朝圣者城堡"后,十字军城堡的时代也就此结束。

而上述骑士团组织中,公元1226年成立的德国骑士团更扮演特殊角色。除参加十字军东征外,骑士团更配合神圣罗马帝国皇帝弗里德里希二世向东欧、波罗的海沿岸扩张的领土政策,除向原本世居当地的斯拉夫民族进行宣教外,并借由骑士团武力逐步占领波兰沿海,甚至直到现在波罗的海三小国。而这一时期整个骑士团在波罗的海沿岸设立许多四方形城堡,也塑造出该骑士团特有的城堡建筑特色。

2-10 莱茵河中游上兰施泰因城堡内礼拜堂祭坛区及其哥特式尖拱窗框。

防御机能对城堡建筑设计仍占有相当程度之影响，因此这些哥特式尖拱窗及彩绘玻璃主要出现在具宗教用途之城堡礼拜堂上（2-10）。另外，这时最明显的城堡建筑特色莫过于斯陶芬王朝执政期间，在神圣罗马帝国境内兴建的众多帝王行宫或帝国城堡墙面外观上。不论城堡外形规模或主要用途，斯陶芬王朝城堡中所有建筑都是由一种未经细部处理、凹凸不平的粗面巨石块（2-11）堆砌而成，使墙面并非如一般石墙或砖墙上呈现出上下垂直的平坦面。姑且不论这种砌面是否如部分建筑史学者主张，能有效阻碍敌人轻易架设梯子进攻城堡，但这种保留一面未经凿平的粗面石块的确可提高城堡兴建、石块原料初步处理的速度，并为城堡带来一种威严粗犷、牢不可破的印象，甚至成为帝王直属财产的印记，以有别其他侯爵所兴建之城堡。

公元十四至十六世纪中叶——结束

公元 1325 年，火药武器首次于欧洲运用在军事攻击用途，自始也标示了城堡世纪的结束。在新式火炮武器迅

2-11 莱茵河中游施瓦布斯堡防卫主塔上的粗面巨石块砌面。

2-12 黑森大公家
族统治所在，马尔
堡宫殿。

2-13 普法尔茨公
爵家族所属之海德
堡宫殿。

速、普遍采用下，原本中世纪城堡中以防卫石块、弓箭攻击为主的垂直纵向城墙防卫系统，已无法抵抗这种新科技的攻击。为因应新式火炮武器的快速发展，自十四世纪末，众多城堡开始在城墙上增建低矮宽广、墙身至少可达 5 米厚的圆形炮塔（Rondell）或菱形碉堡（Bastion）。这种新式炮塔或菱堡不仅对火药攻击有较佳的防御性，其上方平台及塔中内部各层亦可置放多门火炮对来犯敌人进行反击。除设置新式防御系统外，部分城堡也在其外围设置多道困墙，以增加敌人攻占的困难度，为城堡防卫者增加更多防御反应时间。而这些新式火炮科技的运用，也促使部分既有的中世纪城堡逐渐改良，或为十六世纪后要塞城堡的开端。

在火炮科技发展下，过去位处高处、防守和居住功能兼具的旧式中世纪城堡已不具有绝对优势。腹地狭小、空间有限等先天条件下，在城堡增加、扩建各种新式防卫建筑只会让城堡贵族可运用的生活起居空间更为缩小。因此在居住、防守两种功能无法兼得情形下，部分城堡家族宁可舍弃防卫功能，参考十五世纪中由意大利北部公国发展出的文艺复兴式宫殿城堡系统，将原有双重功能的中世纪城堡改建为以单一居住用途为主、强调内部空间依其功能系统性划分并重视其舒适性的宫殿城堡[1]。而这类中世纪城堡建筑因军事科技发展而转化为宫殿的过程，也成为十六世纪后欧洲王室贵族兴建文艺复兴式或巴洛克式华丽宫殿的滥觞。黑森大公所属的马尔堡宫殿（Schloss Marburg，2-12），及普法尔茨公爵家族的海德堡宫殿（2-13），便在十五世纪后，纷纷将原有中世纪城堡改建

---

[1]　其中尤以意大利乌尔比诺（Urbino）公爵斐德里哥·达·蒙特费尔特罗（Federigo da Montefeltro，1422—1482）于 1463 至 1472 年间委托建筑师劳拉纳（Luciano Laurana，约 1420—1479）改建的公爵宫殿（Palazzo Ducale），堪称当时居住型宫殿及系统性、单元性规划内部空间之典范及开端。其中尤以在公爵寝室空间内设置书房（studiolo）更彰显统治者好学、富人文思想的特质，成为十五、十六世纪后，欧洲各地君王、主教宫殿城堡或新式宫殿建筑竞相效仿之对象。

2-14 十六世纪初于法国卢瓦尔河畔兴建之文艺复兴式香波堡宫殿。

2-15 十六世纪由维尔茨堡主教城堡改建之马林贝格要塞城堡。

为四五层楼高的文艺复兴式宫殿建筑群。这些高耸矗立在山上的宫殿虽明显容易成为攻击的目标，但更重要的是，这些华丽壮观的建筑群可象征性对所统治的人民甚至敌人，展现其政权崇高而牢不可破的印象，以及统治当地权力的合法正统性。在卢瓦尔河畔，法国王室更将众多如布卢瓦城堡（Château Blois）或香波堡（Château Chambord, 2-14）等河边原有中世纪边城堡改建为纯粹以居住为首的华丽宫殿城堡。自此城堡的居住和防卫功能完全分离。

虽然中世纪城堡可以改建方式，将原有以防御为主的城堡建筑转化为以便利居住性为首的宫殿型城堡建筑，但毕竟多数这类旧有城堡都位于地势高、交通不便之区域，对提升封建贵族生活便利性或彰显其华丽尊贵等象征性目的而言，仍多有局限。因此，在这股城堡宫殿化过程的尾声中，更有部分统治者兴起风潮，将原有位于高处、地处城市边陲地区的独立城堡住所，直接迁至平地市区，并全新营建新式的统治宫殿。例如公元 1720 年，普法尔茨公爵家族便将其住所由原先位于海德堡南东郊山坡上、十五世纪中已改建为文艺复兴式的宫殿城堡，迁移至近 20 千米外，位于莱茵河和内卡河交汇平原区的曼海姆（Mannheim）巴洛克宫殿中。大约同时期，德国的维尔茨堡主教（Bischof von Würzburg）也将其住所由位在美茵河边山顶上、十六世纪改建的马林贝格要塞城堡（Festung Marienberg，2-15），搬迁至河对岸维尔茨堡市中心的巴洛克新式宫殿中。

在这段中世纪城堡过渡为宫殿城堡的时代，适巧为西方美术史上由哥特式艺术迈入文艺复兴风格的时期。和中世纪盛期城堡外观相比，此时宫殿城堡多为三层楼以上的宏伟建筑，部分甚至围绕方形或长方形中庭而建。原本中世纪盛行的哥特式尖拱窗户，亦逐渐为具有十字形窗架的长方形窗户取代。这种新式窗户不仅为室内带来更多采光，其外墙上通常呈上下垂直轴线般的排列方式，更成为当时流行的城堡外形设计（2-16）。另外，

2-16 位于巴伐利亚地区，多瑙河畔诺伊堡宫殿（Schloss Neuburg）中庭及文艺复兴式十字窗框轴线。

在此时兴建的各式城堡建筑中，多数并装饰盛行于文艺复兴时期的阶梯状山墙。山墙上更设置各式细致半圆形玫瑰花或螺旋状装饰、尖碑，及各种突出于山墙上、窗户间的柱列（2-17）。和前述其他时期建筑相较，随着城堡军事功能重要性逐渐下降，居住舒适性逐渐强调的发展，城堡主人愈渐重视借由采用当时新颖设计的装饰风格或题材来强化、突显城堡贵族的权力和威望。

2-17 德国中部黑森州弗里德贝格城堡中，文艺复兴式宫殿及其装饰山墙。

城堡与宫殿：令人混淆的难兄难弟

在西方建筑史中，城堡与宫殿向来是彼此间关系紧密，却又容易让人产生混淆的建筑概念与形式。两者虽然都是中世纪至近代欧洲各类封建贵族专属使用、居住的空间，部分外形及内部建筑机能均相似，但其原始设计和兴建目的上却有相当大差别。简言之，城堡是一种中世纪时期发展出，兼具居住及防御双重功能的封建贵族住所；宫殿是十五世纪后由城堡衍生发展而来，仅具居住功能并同时可展现封建贵族政治权威等象征的建筑住所，实际防御功能在宫殿建筑中已完全被排除。相当程度上，宫殿基本上可视为城堡建筑的进阶版。城堡和宫殿间虽有着两种机能和兴建时期上明显的区别，但长久以来人们却一直留有将两者混淆成一体的错误印象。其中原因除在西方建筑发展史过程中，两者本身确有紧密演进关系外，最重要的原因在于两者建筑部分功能的重叠性及语言文字上并没有明显区隔性。

首先，在中世纪城堡建筑设计上，宫殿通常专指城堡中作为封建贵族生活起居、社交宴会的空间。相较于其他建筑部分，实为城堡内最为重要的部分，并间接转化成为代表城堡建筑整体的代名词。故在当时部分中世纪文献中，时常会将中世纪城堡以 palatium（宫殿）或 domus（屋舍）等拉丁文字眼表示。另外，十五世纪中叶早期的宫殿建筑，多数由原有中世纪城堡整修改建而成，其外形和原有的城堡极为相似，形成城堡与宫殿之间的混淆（2-18）。

其次，除德文有较为明确区分外，在西欧英、法、西班牙及意大利等主要语言发展上，对十五世纪后发展出的宫殿建筑，多数仍沿用原有 castle（英文）、château（法文）、castillo（西班牙文）、castello（意大利文）等城堡词汇，或使用由拉丁文 palatium 一词衍生而来，原本就容易产生混淆的 palace（英文）、palacio（西班牙文）或 palazzo（意大利文）等字眼表示宫殿这类建筑。而法文中更是几乎毫无区分地将两类建筑均以 château 表示，只有德文使用 Schloss 一词表示这种新兴建筑类型。由于语言文字不明确的发展区分，也造就对城堡和宫殿的混淆，这也是为何奥匈帝国小说家卡夫卡（Franz Kafka，1883—1924）在 1922 年出版的小说 *Das Schloss* 一书，在英、法、西、意，甚至中文均以"城堡"一词翻译之故。

2-18 十六世纪初由中世纪城堡改建而成的诺伊堡宫殿。

终曲——十九世纪城堡的再生及迷思

自十六世纪初，原本兼具居住及防卫功能的中世纪城堡随着军事科技发展而逐渐没落，最终被纯粹以居住功能为主的文艺复兴式或巴洛克式宫殿建筑取代后，横跨至少五个世纪之久的中世纪城堡时代就此结束。接下来数个世纪中，众多原有中世纪城堡若非改建为军事要塞，并在随后的战争中遭到摧毁，不然就是被邻近村落居民拆除尚可使用的石块，作为兴建私人房舍或其他公共建筑的现成采石场。直到十八世纪后半叶及十九世纪初，在浪漫主义思潮及其艺术观盛行下，欧洲尚存的中世纪城堡建筑才历经一个重生、复兴的高潮。而这一时期所塑造出对中世纪城堡外形及其内部生活的想象——不论正确与否，或只是出自未经历史考证而编造的梦幻想象——都深深影响现代人对中世纪城堡的印象。

浪漫主义的诞生，可视为欧洲文化思维对十八世纪盛行之理性主义及美术思潮上新古典主义的反动。浪漫主义者厌倦了欧洲自启蒙运动及理性主义以来，凡事过于强调科学基础及经验法则，艺术上师法古希腊罗马时代，着重规则、比例的学院思想。此派认为艺术应当是创作者表达个人内在情绪、直观感受及一种诗意、如画般的美学观点展现。在这种情绪思潮烘托下，部分艺术爱好者逐渐转向，开始探索中世纪生活方式及流传下诸多无法具体考证的神话传说。在建筑艺术上，一种怀旧思念及以中世纪罗马式或哥特式教堂、城堡等建筑外貌为设计标杆的思潮油然而生。

德国浪漫主义文豪歌德（Johann Wolfgang von Goethe，1749—1832）就曾多次和其他浪漫主义作家在莱茵河河谷旅行期间，撰写多篇文章描述耸立在河谷两岸众多的中世纪城堡废墟遗迹，赞叹其美丽如画般的造型感受及相关城堡传说。而城堡废墟间冒出的树枝、杂草、野花等攀爬植物，更被隐喻为自然力量的伟大，引发人类渺小且无力胜天的惆怅感。顿时，原本荒烟蔓草间的中世纪城堡就成为当时民众假日旅游休憩的目标，而一种"荒废的美感"及其所唤起个人诗意浪漫的情怀，就成为当时文人雅士及贵族所追求的美感标的。而虚构的仿中世纪城堡废墟，更成为当时部分贵族在规划其宅邸庭园时不可或缺的设计元素。例如德国拿骚公爵家族（Fürsten von Nassau）就曾在其位居莱茵河中游比布里希宫殿（Schloss Biebrich）花园中，巧心设置一座名为摩斯堡（Mosburg）的仿中世纪城堡建筑废墟（2-19），充分表达对过往时代的怀念和向往。而这些废墟城堡虽徒有其外观，但纯粹装饰贵族花园的功能及设置时空之背景脉络，已完全异于原有中世纪城堡的原始建筑思维。

2-19 十九世纪浪漫主义风行下兴建的仿中世纪城堡废墟——摩斯堡。

　　同样在这股浪漫、怀旧思潮影响下，欧洲各地无不兴起一股维护中世纪城堡遗址的浪潮，也逐渐成为西方建筑艺术史上开始重视建筑文化资产保存的滥觞。自此，不仅各类古迹保存协会普遍成立，各国君主亦体认其重要性，大行任命建筑师修复，甚至完全重建早已成为废墟的城堡或帝王行宫。公元1836 年，普鲁士国王弗里德里希·威廉四世（Friedrich Wilhelm IV von Preußen，1795—1861）于 1836 至 1842 年间，就曾任命其御用建筑师申克尔（Karl Friedrich Schinkel，1781—1841）重建位于莱茵河谷左岸，十三世纪初就如同废墟的自豪岩城堡（Burg Stolzenfels），以作为帝国在莱茵省的夏季行宫（2-20）。而法国十九世纪著名古迹保存建筑师维奥莱-勒-杜克（Eugène-Emmanuel Viollet-le-Duc,1814—1879）更将法国南部卡卡颂城堡（Château Carcassonne）中的双层城墙及城墙墙塔群予以重新复原（2-21）。不过，这些重建的中世纪城堡外观虽有着尖拱顶般中世纪哥特式建筑元素，但多半是未经历史考证下，以十九世纪当时的美感品味及对中世纪的浪漫印象而设计。泰半再现的城堡仅徒有十五世纪初、由哥特式过渡到文艺复兴式城堡建筑的相似外观，而非真正传达十二、十三世纪标准中世纪城堡样貌。尤其城堡内部装饰、摆设极尽华丽舒适，反而更像巴洛克或十八世纪古典主义时期贵族宫殿中的室内空间设计，无法体现绝大多数中世纪时期城堡内部只是相当简单朴素、缺乏装饰，甚至不符卫生舒适条件的生活空间。

2-20 莱茵河畔十九
世纪重建之新哥特式
自豪岩城堡。

2-21 十九世纪重
新复原之法国卡卡
颂城堡。

2-22 十九世纪兴建
的新天鹅堡。

在十九世纪中世纪城堡重生浪潮中，最为壮丽、传奇的杰作莫过于公元
1869 至 1886 年间，由沉醉中世纪神话文学的巴伐利亚国王路德维希二世
（Ludwig II von Bayern，1845—1886）在南德阿尔卑斯山脚下波拉特谷地
兴建的新天鹅堡（Schloss Neuschwanstein，2-22）。1868 年 5 月，路
德维希二世在写给德国剧作家瓦格纳（Richard Wagner，1813—1883）
的信中就提及希望"以德国骑士城堡真实样式"兴建这座崭新的城堡，并期
待城堡外观及内部装饰能如同瓦格纳歌剧《唐怀瑟》（Tannhäuser）及《罗
恩格林》（Lohengrin）中描述的场景再现。这座当时由慕尼黑建筑师里德尔
（Eduard Riedel，1813—1885）及舞台布景画家扬克（Christian Jank，
1833—1888）所设计兴建的城堡，完全是座纯属国王个人对中世纪浪漫生
活想象下诞生的建筑，以展现对文学、音乐的爱好。房间内部充满各式以中世
纪英雄神话传说为主题的壁画。不过实际上在兴建华丽的新天鹅堡之前，巴伐
利亚国王家族就已于 1830 年代左右，先将位于新天鹅堡对面山头上，兴建于

城堡的
现代新用途

进入十九世纪末、二十世纪后，多数现存中世纪城堡机能几乎已完全蜕变，由原始的军事和居住性功能，至文艺复兴时期后的政治性象征功能，转化为以教育、展示、体验为主的文化功能。原先为封建贵族所有的财产，随着政治、社会异动，也逐渐转为政府文化保存单位、公共法人团体或富商所有。除部分私人持有、无法开放的城堡外，现存多数中世纪城堡主要作为文化遗址开放展示空间（尤指已成废墟、不再复原修建的城堡）、中世纪文化或自然科学博物馆、美术馆、私人或公共青年旅馆、教育机构使用。而持续十九世纪浪漫主义影响，对一般民众而言，中世纪城堡依然是出租举行城堡梦幻婚礼或参与每年中世纪骑士文化庆典热门所在。

就中世纪城堡保存而言，成为政府单位或公法人管辖、拥有的建筑，

是最为理想的案例。在稳定预算资金挹注下，城堡除可公共开放再利用，作为文化展示空间外，最为重要的是可进行例行性保存维修及现地建筑历史研究，这些都是维护城堡遗产主要核心工作。以马克斯堡为例，1900年在普鲁士帝国协助下，由城堡建筑研究学者埃布哈特（Bodo Ebhardt，1865—1945）发起成立的"德国城堡保存协会"取得为永久会址，并为现今掌管全德境内城堡及宫殿维护的研究单位。城堡内除行政单位外，剩余空间均尽可能整修开放为城堡博物馆，展现中世纪城堡内各类应有空间及原貌和摆设，以及生活其中所需的各种工作、饮食器具、武器典藏等（2-23）。相对私人城堡则因其封闭性，难以接近外，也缺乏固定资金维护，不易进行现址开放研究，影响遗产长久维护。

2-23 马克斯堡城堡博物馆中展示之十五世纪骑士及步兵等武器及盔甲装备。

2-24 1830 年代由巴伐利亚王室重建之高天鹅堡及其新哥特式风格宫殿及角塔。

2-25 香港迪士尼乐园中的睡美人城堡。

十四世纪的"高天鹅堡"（Schloss Hohenschwangau）改建成融合新哥特式、新罗马式及新文艺复兴式等多元历史主义风格的城堡建筑（2-24）。而这些重建或复原的新式城堡建筑，在华丽装饰外貌下所展现的，只是巴伐利亚十九世纪历代君主对中世纪生活的憧憬及审美观，并非真正城堡内部应有的形象，忽略了真实中世纪骑士城堡多数都是缺乏生活设施及卫生条件的俭朴居住空间。尽管缺乏详细历史考证，这座极其梦幻宏伟的仿中世纪城堡宫殿，在二十世纪后却深远、误谬地塑造出人们对中世纪城堡一种华丽、浪漫的刻板印象，进而影响全球各地迪士尼乐园中童话城堡的外观设计（2-25）。而乐园中以新天鹅堡为设计蓝图，并结合十九世纪法国卡卡颂城堡重建后城墙样式建立的城堡，又持续错误地影响全世界儿童对西方中世纪城堡的建筑印象。这使得中世纪城堡在人们心中蒙上一层浪漫华丽面纱，而不了解真实的城堡多数是物资贫乏、环境几近不卫生的悲惨生活空间。

第三章

选址

就中世纪城堡规划设置而言，其先天坐落位置之选择，时常成为影响城堡外形设计、功能及后续经营发展之先决条件。而依照城堡兴建所在之地势位置，西方中世纪城堡可分为平地型城堡、山坡型城堡和顶峰型城堡等三种类型。

平地型城堡

平地型城堡亦可称为水边城堡，多数兴建于河川通过的平原地区或纵谷地带上。目前现存中世纪平地型城堡主要分布在英格兰南部、法国西北部、比利时、荷兰、德国中北部、丹麦、波兰北部及波罗的海东欧三小国等低地平原区，意大利沿海城市及法国卢瓦尔河、德国莱茵河、易北河及意大利阿尔诺河（Arno）等河谷地区间。由于该类城堡位处平地且泰半紧紧依偎古罗马帝国时期逐渐形成的区域间通商要道上，间接为统治当地之城堡贵族或骑士长久发展带来稳定经济效应。在此条件下，其周围也相对成为欧洲早期村落聚集或尔后中世纪新兴城镇兴起的发源处。

平地型城堡在外观上具有两个主要特色：首先，该类城堡多位于地面平缓处，与山坡型或顶峰型城堡相较，不因自然地势局限而限制其可规划使用的空间及外形。因此，多数平地型城堡都呈现四方形、圆形或多边形等几何状结构，而整个城堡甚至由纯粹几何形状的城墙或护城壕沟环绕（3-1）。其次，与山坡型城堡相比，平地型城堡在战乱时更容易受敌人包围袭击。在防御条件不如位于高处之城堡优异下，河川、湖泊或池塘之处就成为平地型城堡设置时的理想地点；兴建时并于城堡四周挖掘深广护城渠道，引入流水作为保护城堡

3-1 英国约克城堡模型所呈现之中世纪早期水边城堡样式及其位于城市边缘，宛如城市型城堡的设置位置。

3-2 位于科布伦茨的
旧特里尔主教城堡。

3-3 德国布茨巴赫附
近上日耳曼-拉埃提亚
罗马边境城墙木桩及
壕沟遗址。

的天然屏障。这些护城渠道除具有天然防御功能
外，相较其他位处高处的城堡，流动性河水更能
为城堡居住者带来便利及获取安全、卫生水资源
的机会。除引水作为护城壕沟的方式外，也有部
分平地型城堡采用宽广、纵深的干壕沟设计作为
护城屏障的方式兴建。

　　相较山坡型和顶峰型城堡，平地型城堡则属
欧洲较早出现的城堡聚落形式。早在公元一世纪
初，罗马人就在当时中欧平原、低地或河谷中建
立了许多类似水边或平地城堡的军营要塞，以控
制通连罗马各行省间的水陆或陆路要道。而自公
元二、三世纪间，日耳曼民族逐渐将罗马帝国势
力逐回原有南欧疆域及西罗马帝国于公元476
年灭亡等因素后，部分中世纪初期封建贵族就利
用这些现成规划、遗留的地点，设置城堡在原有
四边形并以护城渠道环绕的罗马军营旧址上。例
如公元1276至1289年间由特里尔大主教海因
里希二世（Heinrich II von Finstingen，？—
1286）于莱茵河滨科布伦茨（Koblenz）兴建
的旧主教城堡（Alte Burg，3-2）及同样位于
莱茵河左岸美因茨、十九世纪初拆除的原有美因
茨大主教城堡马丁堡（Martinsburg）都属于在
罗马人所规划军营旧址上设置的中世纪城堡。除
罗马人于纪元初兴建的军营城堡外，公元十世纪
间开始在法国西北部、英国、荷兰及德国北部、
莱茵河下游及威斯特法伦（Westfalen）平原
区兴起的人造"土基座城堡"，也可视为中世纪
平地型城堡的先驱。该类城堡多兴建在潮湿、松
软的河中或河间土壤地基上，经人工夯实或堆积
后，再搭建多半为四边形的木造楼塔于上。另
外，夯实的土丘四周并围以木桩或竖板以防护地
基，形成中世纪初期石材尚未普遍采用前的常见
城堡兴建形式，其外观亦与罗马人于中欧日耳曼
地区兴建的木桩边境城墙（3-3）相似。公元九

城市型城堡：中世纪城市发展及市民阶级兴起的见证

城市型城堡可谓平地型城堡中，因伴随中世纪城镇发展而间接出现的特殊类型，并反映出当时都市发展及城市市民阶级的兴起。实际上，这类城堡原先多设置于自古以来即有的通商要道或交通枢纽位置，但随着十二世纪起欧洲农耕技术进步、效率提升及经济结构的改变，农村劳力过剩人口流入聚落而引起一股中世纪新兴城镇建立浪潮之际，城市型城堡因其坐落地点交通便利，逐渐成为吸引民众聚集之处，在其周遭设置聚落，甚至扩大旧有聚落规模，致使紧邻的城堡融合为城镇的一部分，部分城堡城墙更和新兴城市城郭相连一起。

不过中世纪时期，多数这些和新兴城镇相连的城市型城堡并非坐落在市中心位置，而是位处边缘地带。这种边缘位置可使城堡贵族有效掌控城市、便于观察市民活动外，也可彰显城堡运作凌驾于城市管理外的政治特殊性。另外，类似城堡通常至少有一侧边倚临城外，如此城堡中的成员即可借由位于该侧之专属城门出入，不需经由城内城郭对外联系。这种城堡专属城门设计在十二、十三世纪格外重要，因随着中世纪城镇兴起及商业快速发展，部分平民经商致富而成为西方早期中产阶级后，社会地位提升下，逐渐开始对原先由国王赋予统治当地百姓权利的城堡诸侯阶级（包含主教等高级神职人员）及其地位产生怀疑。部分城镇新兴阶级遂开始要求争取更多自治或参与决策权利，甚至进而采取武力包围、对抗旧有统治贵族的方式，以胁迫获得更多政治、经济权益，形成帝国境内部分城镇统治者和市民阶级间数世纪的纷乱。

在这种情形下，边缘位置对中世纪城堡统治阶级而言更具安全保障。如此形成十四世纪末起，部分侯爵在原有统治城堡逐渐发展为城镇中心后，宁愿放弃旧有城堡，于城市另一侧设置新兴城堡官殿主因。公元1418年，巴伐利亚公爵路德维希七世（Ludwig VII von Bayern，1368—1447）就基于类似理由，在英戈尔施塔特（Ingolstadt）东侧多瑙河畔兴建新式宫殿城堡（3-4），以取代原有1255年完工，但此时已发展为市中

3-4 巴伐利亚公爵于英戈尔施塔特东侧多瑙河畔兴建之新式宫殿城堡及居住楼塔（右）。

心的旧城堡。不过对部分中低阶级封建贵族所属平地型城堡而言，因其领地狭小，加上经济及搬迁不易等因素，最简易的方式则是在城堡四周挖掘干壕沟或疏通为护城渠道，以增加和相邻城镇间安全上的区隔。

3-5 位于比利时根特的伯爵城堡，即属中欧早期土基座水边城堡。

世纪初查理曼大帝时期，于现在比利时根特（Gent）市中心设置的伯爵城堡（Gravensteen）就属于这种早期土基座水边城堡，城堡西侧则由护城渠道所环绕（3-5）[①]。

平地型城堡因地处平缓之处，可作为兴建使用的面积较山坡型或顶峰型城堡广大，因此多数作为封建贵族统领属地、执行其政治权力及居住宫殿等用途，就连以宗教统治功能为主的主教城堡而言，平地型城堡亦属中欧各基督教区内常见城堡建筑类型。尤其自科隆到美因茨间的莱茵河谷地中即设置、存在众多平地型城堡，更分别成为当时河流所穿越的三个不同教区主教所属行宫。例如科隆大主教位于安德纳赫（Andernach）的主教城堡、特里尔大主教所属的科布伦茨主教城堡及美因茨大主教于上兰施泰因（Oberlahnstein）、埃尔特维勒（Eltville）及美因茨等地兴建的主教城堡。其中位于安德纳赫的科隆主教城堡即是座十三世纪初设置于城镇城郭东南角的城市型城堡，四周则环

---

① 伯爵城堡为九世纪初统治法兰德斯（Vlaanderen）地区的伯爵巴尔度因一世（Balduin I，837—879）所设置。原始建筑全为木造，而现有近似环状的多边形石造城墙及宫殿为公元十一世纪初之后逐渐改建的样貌。

绕干壕沟以为保护（3-6）。至于主教城堡类型多属平地型之因，除可能与中世纪各阶层百姓生活及思维方式均规范在基督教教义下，对主教及神职人员多持顺从、虔诚态度因素外，更与神职人员负有就近传播福音、行善人群之职有关，故其城堡设置多尽可能靠近人群聚集处。而紧邻聚落设置之主教城堡亦可因地利之便，向一般缺乏识字能力的百姓彰显宗教庄严、神圣及神职人员地位崇高之印象。

另外，就古迹保存及历史建物延续其使用性而言，多数平地型城堡因位于交通便利之大型聚落处，因而在十六至十八世纪旧型中世纪城堡转变为文艺复兴式或巴洛克式宫殿城堡浪潮中得以保存下来。亦如位于法国卢瓦尔河谷地的香波堡一般，虽然这些城堡在逐渐宫殿化过程中不断翻修或扩建，以致失去原有中世纪古堡面貌，但部分原始建材或内部既有空间功能则因此延续；相对地，大多数山坡型和顶峰型城堡在十五世纪后，因为火炮技术进展及战术防御观念改变，逐渐失去原有的战略功能，加上地处交通不便之处，因而逐渐成为废墟，埋没在树林中。

3-6 安德纳赫主教城堡中角塔式楼塔（左）及宫殿外墙（右）。

3-7 莱茵河中游河谷入口北侧山坡上之荣誉岩城堡及东侧高耸盾墙。

3-8 莱茵河谷入口荣誉岩城堡对岸下方，河中浅滩上鼠塔（现址外观为十九世纪中复原）。

山坡型城堡

与平地型及顶峰型城堡相较，山坡型城堡是三种依坐落位置区分的城堡类型中地势最不佳、最不利于防御之设计。该类城堡通常设置于半山腰或河谷斜坡上，其中三侧位居山坡高处，利于防守，但剩下一边则多半紧邻后方山壁，增加遭受敌人由山顶向下围攻之机会[1]。受限于先天地势条件不佳，故该类城堡特别强调防御机能设计，通常在面对山坡之侧都会设置数十米高的"盾墙"，形成山坡型城堡主要特征。另外，多数山坡型城堡因饱受地势限制，故城堡中可用空间及规模泰半远小于其他两种地势类型城堡。

山坡型城堡大约出现于公元 1050 年之后，多数功能并不用于作为封建贵族居住之处，而是防卫、控制或检查位于下方河谷或隘口的水陆或陆路通道、桥梁及收税关口，以维护封建贵族经济权益并宣示其疆域合法统治权力。公元 1211 年美因茨大主教齐格弗里德二世（Siegfried II von Eppstein，1165—1230）下令于莱茵河谷起点旁山腰上兴建的荣誉岩城堡（Burg Ehrenfels，3-7），就是为了保卫大主教所属莱茵河谷间领土，以及城堡下方、莱茵河浅滩上，由美因茨大主教对河上通行船只征收关税，于 1350 年之后兴建的鼠塔（Mäuseturm，3-8）而设立。此外，这座城堡兼具航运管理功能，可监控航行于城堡下方，莱茵河及其支流纳尔河交汇处之暗流和暗礁——宾根洞（Binger Loch）——附近船只通行安危。而荣誉岩城堡动工后不久，科隆大主教恩格尔贝特·贝尔格（Engelbert von Berg，约1185—1225）为保卫其位于莱茵河谷左岸飞地领土安危，1219 年在前述城堡北方约 10 千米处所兴建的侯爵山城堡（Burg Fürstenberg）亦属典型山坡型城堡（3-9）。

除山坡型城堡外，紧靠山崖岩壁兴建的"崖壁型城

---

① 例如莱茵河中游河谷两侧即矗立了八座山坡型城堡，为中欧地区该类型城堡密集区之一。

3-9 莱茵河谷左岸山坡上之侯爵山城堡及其圆形防卫主塔。

3-10 十二世纪兴建之古腾堡城堡，岩壁平面上宫殿遗址及平行横梁榫接穴。

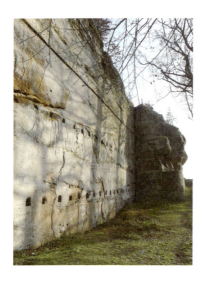

堡"及利用天然岩壁洞穴形成居住处所的"岩洞型城堡"亦属山坡型城堡。不过这类城堡不仅施工不易，兴建所需时间也较漫长。基本上，该类城堡设置通常有其地域性限制，诸如岩洞型城堡即为公元十三到十五世纪间出现于瑞士、德国南部、奥地利蒂罗尔及意大利北部南蒂罗尔等阿尔卑斯山区普遍的城堡兴建方式，现今位于瑞士格劳宾登州（Graubünden）内，公元1250年左右兴建的乌鸦石城堡（Burg Rappenstein）即为少数保存个案。整座城堡利用天然岩壁间凹穴形成，仅有北侧墙面利用当地现有石材筑墙而建。而位于德国西南部穆恩达特林区（Mundatwald）、公元十二世纪中兴建的帝王城堡古腾堡城堡（Burg Guttenberg），即是一座沿红色砂岩崖壁兴建的崖壁型城堡群。城堡内的宫殿建筑更采用开凿山壁形成凹穴的方式兴建，造成狭长平顺的崖壁面。两层楼高的宫殿虽已于1525年爆发之农民起义中摧毁，但其规模仍可由壁面上遗留方形、平行状的横梁榫接穴窥探（3-10）。

顶峰型城堡

在三种依照地势位置所区分之中世纪城堡类型中，顶峰型城堡在安全性及防御机能条件上都是最理想的兴建模式，也是欧洲现存中世纪城堡或遗迹中，最常出现的设置位置选择。根据德国建筑艺术史学者克拉厄（Friedrich-Wilhelm Krahe）于公元 2000 年进行的城堡分类调查中即发现，在目前中欧遗留的中世纪城堡和遗址中，高达 66% 的建筑物属于这种形式。

顶峰型系指将城堡设置在易守难攻的山顶或狭长山脊线上，除具有绝佳防御功能外，该类城堡更有向外彰显、宣示封建贵族政治统治、领土主权等象征意涵。城堡矗立在山峰上，从远处或山脚下聚落就能清楚看见盘踞其上的建筑群，这种地势不只突显城堡贵族所代表政权的绝对统治威严、向敌人宣示其政权传统如坚固城堡般牢不可破印象外，亦衬托统治者和居住其下百姓间阶级差异。不过相对在兴建规划上，顶峰型城堡不只耗时费力，最大难题在于如何供给城堡内生活人口稳定持久的水源。虽然当时多以设置"集水槽"储存雨水或借凿井技术汲取地下水源，但与山坡型和平地型城堡相较，通常须向下深凿近百米才能连通地下水层，而水源亦不能保证持久不枯，增添长久居住使用的变数。

基本上，顶峰型城堡可以再细分为"山顶型"及"山岬型"两种形式。山顶型城堡是所有依城堡地处位置区分中最为理想的设置形式，该类城堡位于山顶部位，四周均是向下低落山坡，易守难攻，整个山丘顶上平缓空间均可纳入城堡城墙范围，诸如位于德国黑森州的明岑贝格城堡（Burg Münzenbert，3-11）

3-11 顶峰型城堡——明岑贝格城堡。

及莱茵中游河谷右岸的马克斯堡（3-12）。而大约公元 1120 年代设置的马克斯堡也是整个莱茵河谷两岸六十二座中世纪城堡中，唯一完整未遭摧毁的城堡，由此证明山顶型城堡在防御机能上的优势。

就政治象征意涵而言，顶峰型城堡高耸于上的位置向来被视为权威贵族之表征，而设置这种城堡也是中世纪统治帝王专有权利。

但自十二世纪后，部分代表帝王管理其众多土地财产的朝臣、侯爵贵族也逐渐被授予兴建顶峰型城堡的权利，以象征帝王直接统领该地之权威。神圣罗马帝国中斯陶芬王朝皇帝弗里德里希一世就以保护位于韦特劳谷地（Wetterau）中帝国直属土地为由，于 1150 年左右允许出生当地、身兼帝王事务管理者的明岑贝格伯爵库诺一世（Kuno I von Münzenberg，1151—1207）兴建城堡以管辖帝国所属财产[①]。公元十三世纪后，就连低阶地方伯爵也开始兴建原本专属帝王权力象征之顶峰型城堡。

3-12 莱茵河谷右岸顶峰型城堡——马克斯堡。

---

① 腓特烈一世亦称巴巴罗萨（Barbarossa），意即意大利文中红胡子之意。相传腓特烈一世因胡须颜色偏红，又因其任内积极开拓意大利南部领土，故而在当地获得该昵称。

3-13 位于德国西部摩泽尔河下游，三面为埃尔茨溪环绕之山岬型城堡——埃尔茨城堡。

山岬型城堡也同样位于平缓山顶上，但与前者不同处在于山岬型城堡位于狭长、带状般的山岬臂顶上，其三侧通常连接急速下降的陡坡，只有一侧与平缓下降、利于通行的缓坡相连，多数同时作为城门入口所在（3-13）。由于这利于联系通行的侧边在军事防御上也是最危险之处，因此山岬型城堡都会在该侧兴建高大盾墙或于城墙外下挖切断整个山岬的"干颈沟"、架设在危急时可升起或抛弃至干颈沟的木桥对外联系。不过这类位于干颈沟上架设的简易木桥或吊桥在十九世纪浪漫主义兴起、城堡逐渐成为追思中世纪时光的观光景点后，多数为水泥石桥所取代，以方便观光及车辆通行（3-14）。

莱茵河谷右岸的上韦瑟尔（Oberwesel）小镇上、十二世纪后半叶兴建的旬恩堡（Schönburg）即坐落在该镇西南侧南北从向的山岬臂北端上，为强化其防御，城堡南侧除设置 20 米深干颈沟外，并矗立着约公元 1357 年兴建、高 30 米的盾墙作为防卫屏障，而干颈沟上现亦竖立着固定式木桥以连接通行（3-15）。另外，受限于自然地理环境因素，多数山岬型城堡外观更呈现宽度狭窄，形成城堡中建筑群体狭长相连，甚至绵延数

3-14 德国西南部纳厄河沿岸，十三世纪中设置之埃伯恩堡城堡入口及前方十九世纪兴建的石造便桥。

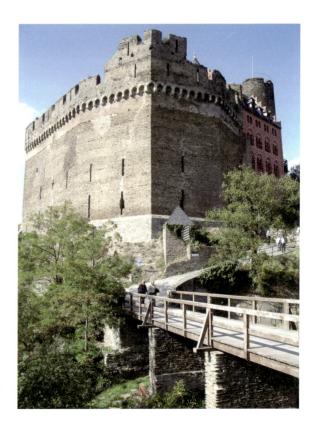

3-15 莱茵河谷左岸旬恩堡及其南侧高耸盾墙和干颈沟。

3-16 位于狭长山
岬顶上之威利巴尔
德城堡及其两侧骤
降陡坡。

百米的特色。位于德国上巴伐利亚地区艾希施泰特（Eichstätt）的威利巴尔德城堡（Willibaldsburg，1353—1629）即属典型山岬式城堡，整座位于山岬顶上的建筑群绵延 420 米，但宽度却仅约 50 余米，站立在城塔上即可感受城堡瘦狭之平面外观及两侧骤降之斜坡（3-16）。

依城堡设置地势区分的三种城堡类型概览

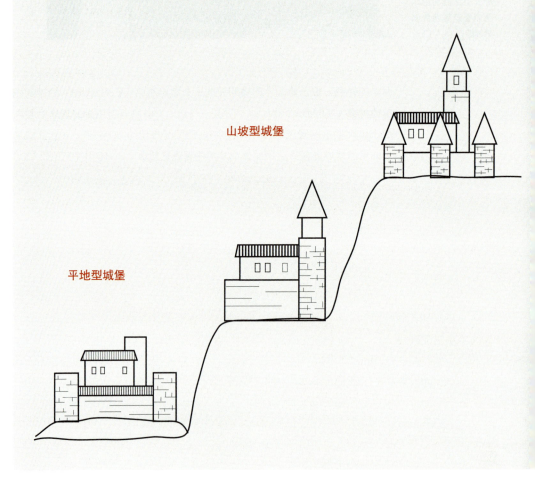

顶峰型城堡

山坡型城堡

平地型城堡

　　古堡的秘密

	平地型城堡	山坡型城堡	顶峰型城堡
类型	水边型城堡 城市型城堡	崖壁型城堡 岩洞型城堡	山顶型城堡 山岬型城堡
主要坐落地势	平原、河边、湖边及纵谷地带等地势平缓之区	半山腰或河谷斜坡等山坡、丘陵地区	山顶、高原或山岬地区
出现时间	公元前一世纪后	公元十一世纪中叶后	
建筑平面外观	多属四方形、圆形或正多边形等几何状平面结构	多属不规则状平面	多属圆形、几何形或狭长不规则形平面结构
防卫功能	次佳	险恶 / 难守易攻	绝佳 / 易守难攻
主要用途	统治、居住功能型城堡、财产管理及防护功能城堡	财产防卫型城堡、经济及商道控制功能的城堡	统治、居住功能型城堡，具政治、主权等宣示、象征功能
建筑特征	护城渠道、人造夯实土基座土丘	面对山坡设置之高耸盾墙	1. 设置在山顶、狭长山脊线或山岬壁上 2. 设置下挖切断山岬的干颈沟
主要分布地区	1. 英格兰南部、法国西北部、比利时、荷兰、德国中北部、丹麦、波兰北部及波罗的海东欧三小国等低地平原区 2. 意大利沿海城市 3. 法国卢瓦尔河、德国莱茵河及易北河、意大利阿尔诺河等河谷地区	1. 莱茵河中上游谷地、沿岸山坡及其支流谷地区域 2. 瑞士、德国南部、奥地利蒂罗尔及意大利北部南蒂罗尔等阿尔卑斯山区	中欧各山顶、丘陵地区

第四章

外形分类

中世纪城堡除了以所处地势位置进行分类外，依照城堡的平面设计样式，亦可将其大致区分为几何状和非几何形状两种类型。而中世纪城堡的外形设计，也间接反映出城堡位置所在及主要设置功能。

几何型城堡

　　几何型城堡通常坐落在地势平坦、面积较辽阔的平原低地或山顶上。不论其平面外观属圆形、椭圆形、三角形、正方形、矩形、菱形或正多边形，几何型城堡多半为平地型，或顶峰型城堡中的山顶型城堡。由这种地势位置也说明，对纯粹几何型城堡而言，每个侧边在防御上均等重要，没有任何一侧面需要设置特别厚高的建筑单元来加强防卫。至于城堡内作为生活起居或其他用途之房舍，就环绕城墙内侧而建，城堡中庭或防卫主塔则被围绕于正中央。基于外形完整及内部空间方正等因素，该类相当受帝王诸侯或主教阶级偏爱，作为宫殿或行宫使用，因此在十六世纪原有城堡改建为文艺复兴式宫殿浪潮中，多数地处平地的几何型城堡——尤其是正方形——被保留下来，作为贵族统治者或高级神职人员的住所。例如位于美因河右岸阿沙芬堡（Aschaffenburg）的美因茨大主教夏宫——约翰尼斯堡宫殿（Schloss Johannisburg，4-1），就是在这股浪潮下，于1605至1614年间由建筑师雷丁格（Georg Redinger，1568—1617）将原有水边城堡改建为三层楼高、正四方形的文艺复兴式宫殿。方形城堡四个端点及两座翼廊垂直交会处，均对称、设置一座

4-1 位于阿沙芬堡之正方形约翰尼斯堡宫殿。

4-2 瑞士沙夫豪森市中心之慕诺特堡垒圆形外观。

4-3 十三边环绕，趋近圆形平面之比丁根宫殿城堡。

4-4 克里福特塔城堡是结合正方形及圆形特色的城堡。

64 米高的塔楼，而原有旧城堡防卫主塔亦巧妙保留在北侧翼廊，融合于整体新建筑中。

圆形和椭圆形

纯粹呈圆形设计并保存至今的中世纪城堡为数不多，泰半只能由中世纪晚期流传的文献记载、插图或十五、十六世纪文艺复兴时期军事建筑理论书籍中证明[①]。公元1563 至 1585 年间，于瑞士沙夫豪森（Schaffhausen）设置的慕诺特（Munot）堡垒即依据德国艺术家丢勒（Albrecht Dürer，1471—1528）十六世纪初所撰写建筑理论而兴建的纯几何圆形建筑。堡垒虽属中世纪晚期沙夫豪森城市城墙防卫系统之一，但其耸立丘陵的外观亦反映出对称几何型平面城堡兴建所需宽广、独立之空间（4-2）。至于其他迄今仍保存之圆形城堡，几乎都是由超过十以上侧边数围绕而成、近似圆形的建筑体。例如位于德国上黑森区，由比丁根伯爵于十二世纪末兴建，后为伊森堡侯爵家族所属，并于 1500 年完成的比丁根宫殿（Schloss Büdingen，4-3）就是一座具有十三边、趋近圆形平面之城堡。另外，十三世纪于英国约克兴建之克里福特塔城堡则采用四叶幸运草圆弧状外观设计，使城堡平面转化为由四个半圆形弧线交会而成的对称型外形。构成中世纪城堡中少数结合正方形及圆形平面特色的对称型城堡，可视为圆形平面城堡中的变形设计（4-4）。

而如同圆形城堡一般，椭圆形城堡亦属罕见的城堡平面规划样式，并且几乎仅设置于平缓地区突起之山丘上，多属山顶型城堡，四周均是向下陡降的斜坡。比利时伯爵城堡（4-5）、德国明岑贝格城堡，及公元 1160 年左右，由德国中部富尔达帝国修道院院长马克瓦特一世

---

① 德国画家丢勒在公元 1527 年于纽伦堡（Nürnberg）出版的建筑理论著作《城市、宫殿及领土防卫设计要览》（*Etliche Underricht zu Befestigung der Stett, Schloss und Flecken*）中即阐述圆形防卫城堡、要塞系统之设计及平面图样式，其中第 46 页即显示一座设置在城市中的圆形防卫建筑平面图。

4-5 伯爵城堡（左）
及奥茨山要塞（右）
属于椭圆形城堡。

（Marquard I von Fulda）为捍卫所属奥登瓦尔德林区（Odenwald）北边
疆域而兴建，1507年成为普法尔茨选帝侯行政统辖地的奥茨山要塞（Veste
Otzberg）等就属于几近椭圆形城堡。其中明岑贝格城堡及奥茨山要塞两座城
堡四周，均由主城堡围墙及困墙等两道城墙防卫系统围绕保护。

三角形和锥形

　　三角形或锥形平面的中世纪城堡并不多见，现存遗址中泰半都设立在
面积狭长、窄小的山岬尖端。通常这类城堡三侧中有两侧与陡峭山坡相接，
另一侧则借由干颈沟或高耸盾墙和山岬臂间隔，构成标准之山岬型城堡。
公元1135年由特里姆贝格伯爵格茨温（Gozzwin von Trimberg）于德
国弗兰肯萨尔河畔兴建的特里姆堡（Trimburg），就是一座典型山岬型城
堡，城堡东侧由防卫主塔、盾墙及干颈沟共同形成一个整体防御系统（4-
6）。而公元十二世纪起，由卡岑埃尔恩博根伯爵家族于莱茵河中游领地兴
建的马克斯堡（约起建于1120年），则属于三角形平面轮廓的山顶型城堡
（4-7）。

4-6 三角形平面
山岬型城堡——特
里姆堡。

4-7 马克斯堡属
于三角形的山顶型
城堡。

另外，特里尔主教巴尔度因一世于公元 1324 年左右，在现今德国洪斯吕克山区设立的巴尔登瑙城堡（Burg Baldenau，4-8）更是一座三角锥状的平面城堡，以镇守主教在山区中与相邻施蓬海姆伯爵家族（Grafen von Sponheim）领地交界处附近领土安危。城堡中防卫主塔不仅设立于三角形中狭长双臂尖端，城堡南边更由 12 米宽池塘屏障，形成一座在山区设置的罕见水边型城堡，及三角形城堡中少数于水边设置之范例。

正方形和矩形

正方形和矩形平面城堡为中世纪时期历史最悠久、分布最普遍的几何型城堡，早在两千年前古罗马帝国时期，罗马军团于西欧、中欧及不列颠等地兴建的军营城堡即属于这种形式。亦如当时古罗马城堡，现今遗留之中世纪四边形城堡大多为地处平原低地或河边纵谷地带的平地型城堡，仅有部分四方形城堡以山顶型城堡样式出现。而这种四边形城堡最大特征在于四个城角上各具有一座巨大的方形或圆形角塔，以加强城堡防御功能。

就四方形城堡分布范围而言，现存英格兰东南部、威尔士及法国西北部、布列塔尼半岛和卢瓦尔河谷地的中世纪及文艺复兴时期城堡多属于四方形城堡。位于英格兰东埃塞克斯郡，公元 1385 年由戴林格瑞治爵士（Sir Edward Dalyngrigge，约 1346—1393）兴建的博丁安城堡（Bodiam Castle，4-9），就属完整保留下之大型中世纪四方形城堡设计。此外，四方形城堡分布范围也大致和平地型城堡分布区域相符，西起比利时佛兰德斯、荷兰等低地，经过德国莱茵河下游平原、德国北部、丹麦、波罗的海沿岸直至爱沙尼亚、拉脱维亚及立陶宛等东欧波罗的海三小国境内，就连意大利半岛南部和西西里岛也可见到这类样式城堡踪迹。诸如设置于十三世纪初，坐落于比利时北部大城安特卫普市中心，斯海尔德河畔的斯滕城堡（Het Steen，4-10），或公元 1582 至 1587 年间，由当时德国北部石勒苏益格-荷尔斯泰因-索恩德堡公爵

4-8 十四世纪中设置之三角锥状平面巴尔登瑙水边城堡及其防卫主塔（左）和已成废墟之宫殿建筑部分（右）。

4-9 位于英格兰东埃塞克斯郡之博丁安城堡。

4-10 斯滕城堡现有外观属十六世纪改建之文艺复兴式建筑设计。

约翰（Johann von Schlewig-Holstein-Sonderburg，1545—1622）敕令于佛伦斯堡峡湾旁兴建之文艺复兴式宫殿城堡——格吕克斯堡城堡（Schloss Glücksburg，4-11），皆为这类对称之四方形平面设计。而公元十四世纪初，于现今德国黑森州南部，米姆灵河（Mümling）边设置的菲尔斯特瑙宫殿城堡（Schloss Fürstenau，4-12），则为少数于中欧内陆规划之正方形城堡案例。

在中世纪正方形设计中最具特色的，莫过于神圣罗马帝国皇帝弗里德里希二世自 1223 年起为巩固帝国南疆，在意大利南部沿岸及西西里岛设置的城堡，以及 1226 年德国骑士团成立后，在现今波兰、东欧波罗的海三小国沿岸兴建的骑士团城堡，作为骑士团为神圣罗马帝国皇帝东拓斯拉夫民族疆域并

4-11 具正方形平面之北方文艺复兴时期建筑——格吕克斯堡城堡。

Castello Maniace

Cu Yun Cu 20APR.16

4-12 四方形之菲
尔斯特瑙水边城堡。

4-13 十三世纪兴
建于西西里岛的正
方形马尼亚切城堡。

感化其信仰的根据地。虽然弗里德里希二世和骑士团在城堡设计规划上并未留下统一规范，但两者城堡间均呈现完美正方形几何设计，其中弗里德里希二世于 1230 年代间，在西西里岛设置的马尼亚切城堡（Catsello Maniace，4-13）即为一座经典代表范本。城堡的长宽皆达 51 米，拥有四座角塔，整个建筑平面是由十六根廊柱，以各边四柱的方式排列，连同外墙将内部区分成二十四个十字尖拱顶空间，其中只有最中央的拱距空间保留为中庭。虽然纯几何造型的城堡空间设计并不利于居住及防卫使用，但其均衡外形却足以彰显帝王不平凡之处 ①。

德国骑士团是由日耳曼地区骑士和基督教僧侣结合而成的武装性宗教及政治同盟团体。基于政教合一的特殊性，城堡内部规划有具集会与接见功能的议事厅、集中式食堂和通铺寝室，并融合教堂于其中 ②。与同时期弗里德里希二世在意大利南部兴建的城堡一般，这些位于波罗的海沿岸的骑士团城堡同样具有一致性的正方形或长方形平面外貌。

至于在内部平面设计上，多数骑士团城堡拥有如东方四合院的设计，由四个翼廊围绕四方形城堡中庭，形成封闭性的块状对称结构，四端角各设置一座方形角塔。诸如现今波兰境内，公元 1234 年建立的雷登城堡（Burg Rehden，4-14）或 1274—1280 年间设置、1309 年起跃升为骑士团总部及其最高统治者专属宫殿的马尔堡城堡（Marienburg，4-15）皆属该类。另外，骑士团城堡多数系由红砖兴建而成，此种建筑特色，是基于北海和波罗的

---

① 唯马尼亚切城堡内部原本规划之二十四个拱距空间，因 1704 年城堡中火药库爆炸，致使其中至少五拱距空间崩塌、摧毁。

② 举凡议事厅、集中式食堂和通铺寝室等设计，皆为中世纪修道院建筑不可或缺之内部空间元素，此亦彰显骑士团城堡建筑设计上浓厚宗教性。而正方形之城堡平面设计某种程度上亦受到中世纪修道院中正方形十字回廊及其翼廊空间作为食堂或寝室用途之影响。

4-14 德国骑士团设置之砖造雷登城堡及其礼拜堂遗迹。

4-15 德国骑士团总部——四方形之马尔堡城堡。

4-16 莱茵河水面上之狭长六边形普法尔茨伯爵岩城堡。

海地区因地势平缓、缺乏天然石材，故仅能利用窑砖烧制等人造建材施做之故。

而大约与神圣罗马帝国皇帝弗里德里希二世同时期的法王菲利普二世·奥古斯特，为了与英国长期对抗，亦曾于法国北部境内设置诸多正方形城堡。这些以正方形为主的平面对称设计模式，不仅受古代罗马军营城堡外形影响，城堡的四个角落及墙面中轴线上设置圆形角塔的造型，更反映出中世纪早期法国及英格兰地区所发展出方形土丘城堡外观，影响日后法国公元十四至十六世纪哥特式晚期及文艺复兴早期平地城堡几何平面之设计。

正多边形

正多边形城堡数目虽不多，但其对称外形特色反成为中世纪城堡中最为引人注目类型之一；相对地，这种城堡亦因外形轮廓之局限，致使内部空间无法随机改变，进行有效的调整和变动，进而降低其居住或防卫使用的可能性。普法尔茨伯爵巴伐利亚的路德维希（Pfalzgraf Ludwig der Bayern，1294—1347）为了捍卫其对通行莱茵河谷所属领地内过往船只税收权益，公元 1327 年起便在莱茵河中游考布（Kaub）附近河中浅滩兴建一座狭长六边形的普法尔茨伯爵岩城堡（Burg Pfalzgrafenstein，4-16）作为征税之用。整个城堡结构系由 12 米高、2.6 米厚的狭长六边形城墙围绕着一座五角形防卫主塔组成。这座中世纪城堡中罕见的狭长六边形平面设计，除与坐落于河中南北纵向狭长浅滩有关外，城堡南北两端的锐角设计更有其实际功能。中世纪每逢初春雪融之际，莱茵河上大量浮冰会从上游漂流至峡谷中，城堡两端锐角形设计可将漂流至此的大块浮冰切碎，减少城堡遭浮冰直接撞击的接触面，有利结构安全。

而位于意大利南部普利亚地区（Puglia）的正八边形蒙特城堡（Castel del Monte，4-17），无疑是中世纪正多边形城堡中最为经典之设计范例，这

4-17 南意大利的蒙特城堡及其八边形边角角塔。

座公元 1240 至 1250 年间由神圣罗马帝国皇帝弗里德里希二世下令兴建的两层楼建筑约 25 米高，城堡内部空间则沿八边形中庭而建，每个边角都各有一座同样八边形角塔作为旋转楼梯或储藏间使用，而每边则达 16 米长。这座位于平缓山丘顶上的城堡并无太多实际防御功能，加上其严格对称的几何造型，实不便于统治者生活其中。究竟这座神秘城堡的实际功能为何，在建筑史学之家间存在着不同猜测，从作为帝王行宫、猎宫、观星台或收藏皇室冠冕、权杖器物之处皆有论述。虽然从现有文献中已无法考证为何在弗里德里希二世执政期间，于南意大利兴建为数众多的正方形或正八边形几何型城堡，但其原因可能与当时意大利南部、西西里岛等正位于基督教和伊斯兰教文化交界区有关。由于伊斯兰建筑传统偏好几何型外观设计，因此多数学者认为当时应有受到伊斯兰文化影响之建筑师甚至伊斯兰建筑工匠直接参与这些城堡之规划和兴建。

不规则型城堡

尽管中世纪几何型城堡形态众多，但九成以上的城堡为受地势局限影响而形成的不规则连串建筑体。尤其对位处崎岖山地的城堡而言，因其腹地狭小、破碎而在城堡中天然分隔出前后或上下高低不一，彼此互不直接相连腹地区块，构成城堡建筑群中由上、下城堡或前、后城堡等部分组成的"片段型城堡"。而这些位于不同上下高度或不同前后间隔距离的城堡区域部分，则可借由兴建楼梯步道或桥梁、通道等方式衔接。

位于德、法两国交界，慕达特林区内的古腾堡城堡遗址中，城堡就因设置在崎岖不平的岩石山岬上，而分割成作为城堡主塔区域的"上城堡"，及依岩壁兴建、作为城堡宫殿建筑使用的"下城堡"等两块区域，形成上下片段的分割状态，两个区域间则借由开凿在山岬坡面岩层上的楼梯相连。虽然在这座斯陶芬王朝时期兴建的城堡中，下城堡内宫殿建筑早已被摧毁，但由下城堡山壁上遗留挖凿出的平面岩壁遗址仍可观察出当时城堡分为两个片段的形态（4-18）。同样于十二至十三世纪间，由伊森堡-科伯恩骑士伯爵家族（Isenburg-Kobern）在现德国境内摩泽尔河下游设置的科伯恩上城堡（Oberburg von Kobern）及科伯恩下城堡（Niederburg von Kobern），也是因腹地狭小，而以片段型城堡方式兴建。其中上城堡主要作为礼拜堂等宗教用途使用，下城堡则属宫殿、防卫主塔等居住、军事功能之建筑用地。两座城堡前后坐落于山岬上，几乎位处同一海拔水平线，并借由山岬上的脊线相连（4-19）。

4-18 古腾堡城堡遗址中分割为主塔区域的上城堡（左上）及依岩壁兴建城堡宫殿的下城堡（右侧）等两块片段区域。

　　另外，在众多不规则型城堡中，又以位于德国和奥地利交界处，公元十三至十五世纪间陆续兴建的布格豪森城堡（Burg zu Burghausen）最为特殊，整座城堡群是由六个不规则形状的单一城堡串连而成之片段型城堡。这座位在多瑙河畔山岬上，全长1043米的城堡不仅为全欧最长的中世纪城堡建筑体，公元1393至1505年间更为巴伐利亚公爵家族支系——下巴伐利亚公爵的宫殿所在。六座各由所属城墙、城堡中庭、防卫城塔及宫殿联合而成的城堡群一方面彼此借天然山沟形成之干颈沟相互区隔，一方面城堡间又借由横跨干颈沟的木桥相连。

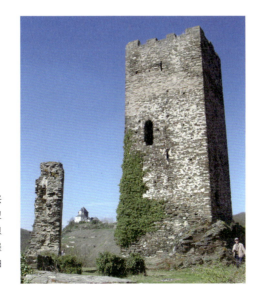

4-19 十二世纪兴建，由宫殿及防卫主塔构成之科伯恩下城堡及作为城堡礼拜堂用地的科伯恩上城堡（后方）。

第五章

中世纪城堡的功能

中世纪城堡是一种兼具防卫及居住功能的建筑形式。而除居住外，城堡也拥有部分政治、经济、宗教、文化和军事等不同功能。整体而言，多数城堡仍以居住为首要机能，同时亦可能兼具其他多重用途。不过城堡兴建时的位置选择亦反映出该座城堡设置前所规划、设定赋予的主要功能。

居住

多数中世纪城堡主要功能是作为上至君主、下至伯爵等各类封建阶层贵族生活起居之用，为增添居住便利性，该类型城堡几乎都兴建在平地或平缓山顶等容易抵达或防卫之处。而以居住功能为主的城堡或宫殿，因居住其中的贵族等级不同，名称上可再细分为：

（1）专属统治贵族使用的"行宫"或"宫殿"；

（2）受封于国王或其他统治贵族，代表这些高阶封建贵族管理其所属土地财产之管理者（这些管理者随后亦发展成可世袭的贵族）所居住的"朝臣城堡"；

（3）由同一封建贵族之不同嫡系后代共同继承，或由不同小贵族共同生活于单一城堡内，进而集体分配居住的"分割型城堡"。

中世纪初期，欧洲各国国王——尤其是加洛林王朝及其后神圣罗马帝国——并无固定居住在同一处城堡或类似近代政治系统中，奠定一隅为国家都城的概念，以统治所属领地，而是终年巡视、迁徙各地，停留在领土境内不同城堡中。直至公元十三世纪欧洲政治上封建制度愈渐成熟，行政分权管理制度奠立，至此不论低阶级的区域性伯爵乃至拥有大范围领土的国王或皇帝，才逐渐开始居住、生活在一个固定城堡住所内，部分统治贵族或地区性伯爵家族姓氏更逐渐因其居住地而得名。而中世纪晚期开始，封建贵族除居住在固定宫殿处所外，在其领土中亦可同时设置其他城堡或宫殿，诸如作为打猎休憩用之"猎宫"、避暑（寒）用之"夏（冬）宫"，甚至为男性统治者过世后，留给女性遗眷固定居住的"寡妇宫殿"等。

行宫／宫殿

行宫或宫殿（英文 Palace、法文 Palais、意大利文 Palazzo、德文 Pfalz 或 Palast）一词源自拉丁文 Palatium，其意本指古罗马城内七座山丘中，其中一座山丘之名[①]。自古罗马皇帝奥古斯都（Augustus，前 63—14）

---

① 行宫或宫殿一词在实际区分上并不明显，两者同时具有彼此模糊、重叠之概念。唯在中世纪初期迁徙式君主政体盛行下，帝王居住、停留某特定地点的时间性较短，故通常多以"行宫"称呼；而自中世纪晚期统治者居住于固定一地概念盛行后，则多半使用"宫殿"一词描述。从建筑功能来分析，两者间实际并无太大差异。

于公元 12 年将其宫殿设置于这座名为 Palatium 的山丘后，就成为后续帝国历任皇帝城堡宫殿所在，而 Palatium 一词遂逐渐由地理名词衍生为国王或皇帝居住之处所，甚至单指城堡中封建贵族生活休憩所在之建筑实体，并成为中世纪城堡建筑类型之一。不过在中世纪初期至公元十三世纪中叶间，欧洲封建制度尚未完全成熟发展，官僚制度尚未形成之际，君主仍习惯亲临视察所属辖领地，故当时统治中、西欧的加洛林王朝国王或神圣罗马帝国皇帝，并没有像中世纪后期国家统治者般拥有固定治理及居住的地点。在此时期，欧洲的政治体制运作，实际系以一种如同游牧民族般的"迁徙式君主政体"进行。

基本上，行宫内建筑和一般城堡相同，主要由宫殿、礼拜堂、防卫主塔和厨房、仓库等经济性用途建筑组成。两者间主要不同处系帝王行宫内通常具有装饰华丽、由单一或三个廊厅组成的"接见大厅"，接待远方使者、贵宾或召开帝国代表会议使用（5-1、5-2）。不过在整体规模设置上，不同时期的行宫也有不同偏好之规划模式。在公元八世纪末到十一世纪初期，诸如加洛林、奥托等王朝行宫设置范围较为广大，内部各种用途建筑散布其中，行宫内外并没有明显城墙设置，以和当时围绕行宫发展出的中世纪城镇进行区隔。但自十一世纪后随着封邑制度的成熟，封地逐渐复杂分割，加上王权不彰引起的政治、社会动荡下，这时行宫设计就如同时进入成熟期的中世纪城堡一般，腹地范围逐渐缩小，四周并兴筑厚重城墙、城塔等各式防御系统，而行宫内各类建筑也比照当时一般城堡设计方式，沿城墙内侧四周兴建、围绕中庭发展（5-4）。

另外，行宫除作为君主视察帝国境内各地的驿站及短期居留地点外，造访某单一行宫所在或其区域的密集频繁程度，也同时反映出该位君主在帝国境内治理国政的重点所在及不同的领土扩张策略，使得欧洲中世纪不同时期

5-1 英格尔海姆行宫中的单廊式接见大厅遗址。

5-2 十三世纪中于德国中部塞利根施塔特兴建的帝王行宫及其宫殿大厅入口处台基与外墙遗迹。

朕不是在行宫，就是在前往行宫的路上：迁徙式君主政体

中世纪迁徙式君主政体是种基于欧洲中世纪特殊的政治历史发展条件，及独特之王权就地展现统治思想下，而兴起的政治制度。在实际运作上，国王通常率领由数百位宫廷核心成员组成的迁移团体，终年从一地行宫迁徙至下一个行宫，以此方式巡视其领土，以类似现代政治人物全国走透透的方式进行政治运作及王权展现。一年之中除诸如复活节、圣诞等重要宗教节日或寒冬时节，国王和其大批眷属、随从、侍卫会在某处行宫或冬季行宫暂时停留数月以上之外，其余时间几乎都一直奔波在迁行至下一个行宫的路途上。

德国建筑史学者赖纳·祖赫（Rainer Zuch）研究指出，当时整个行进团体在夏季平均迁徙为60千米，冬季冰雪时期仅约20至30千米。因此平均而言，至少每隔20千米就需设置行宫或其他替代性停留地点，作为君主过夜休息、暂时停留处所外，所到行宫之处的管理者及当地城镇民众更需负责提供膳食，并供这群庞大迁徙组织停留期间的生活、饮食所需及物资，作为下阶段移动前之准备。而行宫在没有君主莅临停留之际，则交由城堡管理仆役专职看守管理，公元十一、十二世纪后部分仆役也逐渐晋升为城堡伯爵，同时管理行宫周遭帝国所属土地财产。除了君主专用行宫外，部分主教城堡、帝国直属修道院、帝国所属直辖城市及朝臣城堡亦经常充当行宫，提供帝王巡视各地停留使用。诸如公元十世纪末由神圣罗马帝国奥托王朝设置的梅泽堡教区（Bistum Merseburg）中的主座教堂，在当时即频繁作为王朝中历任皇帝巡视萨克森地区领土时的行宫使用（5-3）。

5-3 梅泽堡主教教堂（左）及主教宫殿（右）。

5-4 盖尔恩豪森行宫宫殿（右）、城门大厅（中）及行宫礼拜堂遗址（大厅上方露天空间）。

帝王巡行范围或偏好造访地点各有差异。例如卡洛琳王朝的查理曼大帝偏好寄宿于马斯河（Maas）和莱茵河流域间亚琛（Aachen）及英格尔海姆（Ingelheim）等处帝王行宫，尤其公元 800 年于亚琛行宫设置的行宫礼拜堂（5-5）在查理曼大帝过世后不只成为其安葬之处，更为日后神圣罗马帝国历任皇帝选举后加冕登基地点①。相反地，神圣罗马帝国中的奥托王朝历代君王则偏爱停留现德国东部图林根、萨克森地区及奎德林堡、玛格德堡等地行宫。

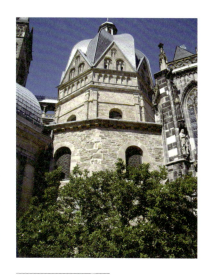

5-5 亚琛行宫礼拜堂中，下层正十六边形及上层中央正八角形回廊建筑外观，回廊内部环绕空井兴建。

① 自公元 936 年奥托一世（Otto I，912—973）即位起至 1531 年间，亚琛一直为神圣罗马帝国皇帝为法兰克福选出后，顺着莱茵河沿岸北上，移驾至该地进行加冕大礼之地点。这期间总计有三十一位历任帝国皇帝在该处加冕。直到 1562 年后，亚琛作为帝国皇帝加冕处之地位才被法兰克福取代。

5-6 德国中部的明岑贝格城堡，可谓现存中世纪朝臣城堡中规模最为宏伟之代表。

而后续的斯陶芬王朝更大幅在现今德国中南部、意大利及波希米亚等地兴建或重建原有帝王行宫。

朝臣城堡

朝臣城堡是仅次于帝王行宫、帝国直属城堡或地区性大公爵外，外观设计及面积规模均极为壮丽之城堡类型。朝臣（Ministeriale）一词原指古罗马帝国时代，具有相当自由权利并负责照料罗马皇帝行宫的服侍仆役。而在神圣罗马帝国时期，朝臣原本也只是不具自由身份的高阶宫廷管理者。但自十一世纪起，这些高阶仆役逐渐受帝王委托，代为统治部分区域领地，甚至开始肩负帝国财务、宫廷或区域性领土管理之责，自此朝臣也逐渐拥有兴建所属城堡之权。公元十二世纪后，这群高阶贵族甚至更开始获得封邑及职位世袭之权，共同创造出中世纪盛期的宫廷骑士文化。

地处德国中部韦特劳地区的明岑贝格城堡（5-6），可谓现存中世纪朝臣城堡中规模最为宏伟之代表。整座城堡为十二世纪中明岑贝格伯爵库诺一世所兴建，库诺一世不仅为当时神圣罗马帝国皇帝总管及帝国位于韦特劳地区直属财产管理人，更曾二度陪同皇帝弗里德里希一世南征意大利，确保帝国位于意大利境内领土。这座位于同名农村旁之顶峰型城堡，不仅是现存中世纪朝臣城堡中规模最大者，其宫殿墙面上细致的拱窗柱头及壁炉花饰石雕，亦不亚于当时斯陶芬王朝在各地帝王行宫中设计的类似装饰。明岑贝格城堡南方 30 千米处，公元 1160 至 1170 年间于弗里德里希一世执政期间兴建的盖尔恩豪森行宫（Pfalz Gelnhausen），也有着近似相同的柱头雕饰及花纹，因此中世纪建筑学者普遍认为当时修筑盖尔恩豪森行宫之石匠在完成该处工作后，随即为伯爵招聘至明岑贝格城堡参与当地城堡建筑工程（5-7、5-8）。

此外，相较于其他同时期设置之城堡，明岑贝格城堡拥有两座高耸的防卫主塔矗立于椭圆形平面的城堡两侧。同一时期仅有位于德国南部温普芬的斯陶芬王朝行宫（Pfalz Wimpfen，5-9）内有同样竖立东西两端的防卫主塔。如此明显采用与帝王专属城堡相似之建筑元素作为设计蓝图，除了证明朝臣城堡为帝王代理人居住所在及朝臣本身在帝国政治运作系统中重要地位外，亦揭示帝王在当地的所属权及统治权。

分割型城堡

分割型城堡是由许多系出同源的庞大贵族家庭后代共同居住使用的中世纪城堡建筑。实际上，在任何城堡规划之初，鲜少是为容纳不同贵族家庭而设计，所有以居住机能为主的城堡在规划时，皆是以作为完整家族整体专属居住

5-7 明岑贝格城堡宫殿墙面壁炉遗址及柱头花纹雕饰。

5-8 盖尔恩豪森行宫宫殿墙面壁炉遗址、柱头及花纹雕饰。

5-9 由温普芬行宫东侧防卫主塔（蓝塔）眺望西侧防卫主塔（红塔，远景）。

空间而构思。但随着时间过往，部分贵族后代子嗣逐渐繁衍增长下，只好将城堡分割成不同区块，给不同血亲及旁系后人继承使用。另外，部分则因封建家族家道中落之故，只好将城堡区块分割出来卖给其他贵族、骑士或富商，以获得经济上的纾困，形成由诸多家庭共同居住于同座城堡中的情形。不过亦有少数封建君主一开始就规划设置分割型城堡，提供专司管理、卫戍其土地财产的附庸居住使用。而这些附庸通常各有其专司负责管理、防卫的城堡区块，借此封建领主也可局限并防止这些附庸的权力扩张。

　　除分割使用特色外，该类城堡另一特点在于，生活其中的不同家族支脉各有其专属通行使用的大门通道，并可各自兴建造型不同的城堡宫殿建筑，甚至有各自的防卫主塔，使得分割型城堡在外观上成为有着不同建筑特色的高耸城堡组合。分割型城堡主要分布在中欧莱茵河中、上游间，诸多封建贵族领土夹杂、破碎相连之区域，位处德国摩泽尔河流域的埃尔茨城堡（Burg Eltz，5-10）即属这类城堡中的典型代表。这座十二世纪中兴建的山岬型城堡原属当地埃尔茨家族（Grafen von Eltz）所有，自 1268 年起，城堡划分成三区块，给当时埃利亚斯（Elias）、威廉（Wilhelm）和特奥多里希（Theodorich）等三位埃尔茨家族子嗣继承使用。公元十五世纪起，城堡中更陆续兴建吕本纳赫屋（1472）、罗登朵夫屋（1490—1520）及坎柏尼西屋（1604—1661）等三座哥特式晚期至巴洛克初期不同风格之宫殿建筑，作为各区块后代子嗣居住使用，让整座城堡在原本狭小的面积上，竖立起许多五六层楼高的建筑及角塔楼，为整座城堡增添浪漫风情。

5-10 位于德国西部的家族分割型城堡——埃尔茨城堡。

5-11 位于德国迈森的文艺复兴式阿尔布莱希特宫殿城堡，其前身亦为迈森主教及边境伯爵家族共用。

除单一氏族所属的分割型城堡外，亦有由分属不同所有者、随时间发展结合之城堡群，构成近似分割型城堡之样貌。例如现德国东部古城迈森（Meißen）原是公元九世纪末起，当地迈森边境伯爵（Markgrafschaft Meißen）家族历代居住、统治之地。但自公元968年，神圣罗马帝国皇帝奥托大帝为保障当时帝国东部边境，全新建立迈森主教区后，当时位于易北河左岸山岩上的城堡，就分割为北侧隶属边境伯爵家族、南侧为迈森主教及神职人员掌管之区域，并各自在山岩顶上兴建供其使用的建筑物群体，例如现存北侧的城堡宫殿，以及南边的哥特式主教堂和主教宫殿等。直到公元1539年当地改奉新教，迈森主教区遭解散后，整座城堡才完全统一归属当时统领当地的萨克森公国（Herzogtum von Sachsen）公爵手中，并逐步改建为帝国境内早期文艺复兴式宫殿城堡——阿尔布莱希特城堡（Albrechtsburg，5-11）。

强盗骑士城堡

强盗骑士城堡是所有以居住功能为主的城堡中最特殊

的类型。类似城堡主要出现于中世纪晚期，当以物易物的旧式封建经济体系逐渐转为以硬币、纸钞等非实际货物作为经济交易媒介之际。过去仰赖为侯爵贵族效劳卖命，借此取得封邑并进而带来庞大天然经济财务的骑士阶级，在新兴经济制度转变下，对原有骑士封授制度已无太多兴趣，而逐渐转型为以金钱为实质报酬的"雇佣兵制度"。在经济环境变迁下，部分道德观念薄弱之骑士阶级觊觎财富，兴生迅速累积暴利等念头，进而结盟为武装集团，并于当时重要通商要道上，对往来商旅进行抢劫。而作为抢匪停留、休息根据地之城堡，自然摇身一变成为强盗城堡。

　　整体而言，并没有任何中世纪城堡最初设立的目的就是要作为强盗集团总部。现存历史上曾记载为强盗城堡的建筑，都是原先已废弃，稍后为盗匪盘踞再利用；或是原属某骑士家族居住，但因社会经济制度转变下，家族后代转型为强盗骑士并作为根据地使用。位于莱茵河谷左岸的赖兴施泰因城堡（Burg Reichenstein，5-12）和索内克堡（Burg Sooneck）两座城堡，十三世纪中叶为当时邻近的霍恩菲尔斯伯爵家族（Grafen von Hohenfels）继承后，便转变成强盗家族根据地，直到公元1282年，两座城堡才被当时帝国皇帝哈布斯堡的鲁道夫（König Rudolf von Habsburg，1218—1291）率领军队摧毁，同时下达对毁坏的废墟不得重建之禁令[①]。直至公元十九世纪

5-12 莱茵河谷左岸，中世纪时期曾沦为强盗骑士城堡的赖兴施泰因城堡，现有外观为十九世纪后以新哥特式样貌设计重建。

---

① 十三世纪初，两座由位于亚琛附近康奈利明斯特帝国修道院（Kornelimünster Reichsabtei）设置之城堡，原为防卫该修道院所属、位于两城堡间所包夹的莱茵河谷畔南北走向狭小领地。由于领地距修道院东南方约130千米远，修道院遂先后委托当地博兰登（Bolanden）及霍恩菲尔斯伯爵家族代为管理，并对行经该地商旅征收通行税。唯觊觎丰厚税收，前述两个代管家族逐渐拒将收入缴回至修道院，甚至进而骚扰邻近民众及旅人。自公元十三世纪末遭摧毁后，十四世纪中叶，城堡才由皇帝卡尔四世（Karl IV，1316—1378）下令改隶属美因茨主教区并陆续重新整建。

末，两座城堡在浪漫主义思潮盛行下，才如同新天鹅堡般重建为具中世纪外观之新哥特式城堡。

宗教

城堡首要功能除作为世俗封建贵族居住使用外，亦为主教、修士、僧侣等神职人员修道、宣扬基督教义并提供其遮蔽风雨之集体管理、生活及工作据点。基本上，以宗教功能为主之中世纪城堡可大致区分为主教城堡、修道院城堡及教堂城堡三种。其中又以作为主教及高阶神职人员居住、治理教区的主教城堡最为宏伟，其部分外观及规模甚至与世俗统治者城堡并无太多差异。

主教城堡

主教城堡通常设置在基督教教区中主座教堂所在地，或主教教区内所属宫殿（如主教夏宫、别宫等）建筑之处。如同中世纪世俗统治者所属城堡一般，主教城堡在空间规划上亦设置宫殿、接见大厅、礼拜堂、防卫城塔，和其他诸如厨房、储藏间、马厩等提供日常生活所需之经济功能用途建筑。不过在这种城堡类型中，主座教堂通常为整体城堡空间内最重要也最高大醒目之建筑体。由于中世纪末期之前，欧洲人口中只有教士和僧侣等神职人员具有识字能力，一般统治贵族则多是未受过教育、目不识丁的骑士武夫，因此主教或修道院城堡中均广设建筑空间以收藏书籍、仪式器具或作为研究宗教教义的场所。而这些收藏宗教和文学文献的空间，不仅成为中世纪欧洲学术知识保存、流传的主要管道，也成为十五世纪文艺复兴后，欧洲近代图书馆发展之滥觞。

主教城堡的出现亦和当时政治环境息息相关。欧洲迈入中世纪后，随着罗马基督教教廷权力式微，欧洲宗教权力逐渐受迫在封建王权之下，这种关系尤其反映在当时神圣罗马帝国的政教政策上。表面上为宣扬基督教，实质为贯彻其疆域扩展政策，帝国皇帝不断派遣高阶神职人员，前往当时东欧斯拉夫等非基督教民族地区进行宣教，同时建立新教区，任命亲信权贵出掌主教一职并兼顾当地行政管理工作。因此主教城堡之设置除作为主教治理教区及居住处所外，亦可达到维护教区中神职人员安全、展现封建王权威严的效果。神圣罗马帝国中的奥托大帝（Otto der Große，912—973）在公元 968 年就同时建立马格德堡（Magdeburg）、梅泽堡（Merseburg）、迈森及蔡茨（Zeitz）等四个新教区，对当时尚未基督教化的萨克森地区进行宣教，并捍卫这些帝国东进政策下获得之领土，而新教区主教们便逐渐在其统治地设置城堡以利管理。

隐性城堡：修道院城堡

修道院城堡封闭性的本质可视为一种另类或隐性的中世纪城堡建筑群，但其隔离世俗的设置概念实可追溯至公元830年左右绘制于羊皮上的圣加仑修道院平面图（5-13）。这份现收藏于瑞士圣加仑修道院图书馆内的平面图，为当时修道院院长葛茨伯特（Abt Gozbert，816—837年在位）任内委托绘制。图中并非呈现当时修道院的实际平面设计，而是理想中修道院的外貌及空间配置。整座修道院是由数个正方形区块为单位所组成，除修道院教堂、寝室、膳堂、修隐间、院长及访客住所、新进修士房等宗教人士使用之建筑外，还包含医院、墓园、谷仓、畜栏、菜圃、烘焙坊等经济性用途之建筑物及空间规划，整座修道院并由一道连接大门的正方形围墙环绕。另外，为维持基本生活及卫生需求，修道院皆尽可能设置于溪流经过之处。

中世纪各地修道院设置虽受限所处地理环境而有所不同，但其内部设计的各类用途建筑空间，原则上和现存九世纪圣加仑修道院平面图并无太多差异。而修道院僧侣平时除进行宗教祝祷仪式及自给自足的农业、经济及劳动工作外，另一项主要功能就是抄写经书并教育新进修士，使中世纪各修道院同时具备文化传承功能，成为当时欧洲各地区的文化发展中心。因此部分封建家族更普遍延揽、聘请当地修道院院长或修士，职掌城堡中行政管理、政治谋略或教育贵族子女之工作。

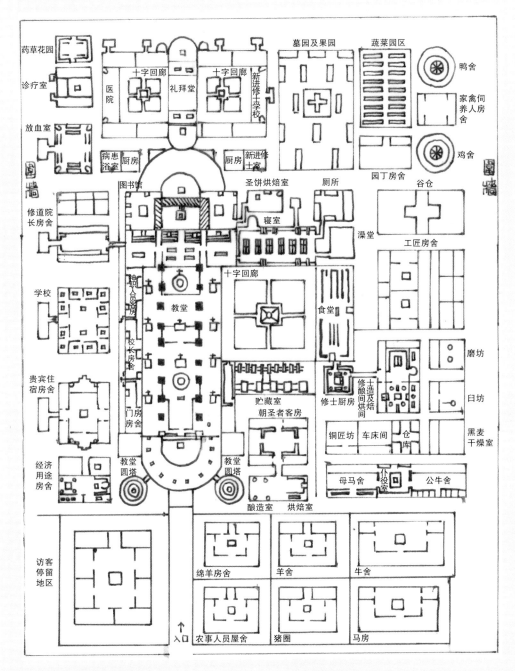

药草花园

诊疗室

放血室

病患浴室　厨房

修道院长房舍

学校

贵宾住宿房舍

经济用途房舍

医院

十字回廊

礼拜堂

新进修士学校

十字回廊

图书馆

俗职人员寝房

校长房舍

门房房舍

教堂

教堂圆塔

访客停留地区

入口

农事人员屋舍

墓园及果园

蔬菜园区

鸭舍

家禽伺养人房舍

鸡舍

园丁房舍

谷仓

厨房　新进修士室

圣饼烘焙室

厕所

澡堂

工匠房舍

寝室

十字回廊

食堂

圣饼烘焙室

磨坊

修士造及烘间酿间焙

臼坊

修士厨房

贮藏室

朝圣者客房

铜匠坊　车床间

仓库

黑麦干燥室

母马舍　仆役室

公牛舍

酿造室　烘焙室

绵羊房舍

羊舍

牛舍

猪圈

马房

5-13 圣加仑修道院平面图。

5-14 十六世纪改建之维尔茨堡主教城堡——马林贝格要塞城堡。

5-15 法国阿维尼翁教皇宫城堡正面。

另外，自十二世纪末，更有部分教区被皇帝擢升为"公爵教区"，教区主教除负责区内宗教事务外，更身兼该地最高行政官员一职，形成政教合一的统治体系，其地位如同获得分封采邑之世俗公爵。德国维尔茨堡主教十二世纪末就为当时巴巴罗萨大帝册封为公爵主教（亦称采邑主教），负责掌管弗兰肯地区（Franken，现德国巴伐利亚州西北部）内所有政教事务，而公爵主教所兴建的城堡规模就如同一般帝王城堡壮观，诸如维尔茨堡主教于公元十一世纪至十六世纪间，陆续在美茵河畔山岩上扩建主教宫殿——马林贝格要塞城堡（5-14）。而这座公元 1253 至 1719 年间作为主教宫殿的顶峰型城堡，俯视下方整个维尔茨堡市，格外彰显出主教崇高的地位。1573 年，城堡又改建为文艺复兴式宫殿，成为一个由四道翼楼围绕中庭而设置的建筑群。另外，随着公爵主教的地位及权力提升，各地主教开始大幅兴建主教城堡作为别宫或次要住所。尤其科隆、特里尔、美因茨等三位在神圣罗马帝国中具有帝王选举权的大主教兼选帝侯，即在莱茵河下游平原、中游谷地、马斯河、摩泽尔河和美茵河沿岸兴建众多位于城市周边或河畔之平地型主教城堡。

主教城堡广布欧洲各基督教文化势力区内，就连 1309 至 1377 年教宗在法王菲利普四世（1268—1314）胁迫下，从罗马迁居至法国南部阿维尼翁的教皇宫（Palais des Papes，5-15）亦属主教城堡类型[①]。不过中世纪主教城堡真实完整保留的案例并不多，其原因并非战乱动荡等因素导致摧毁所

① 此即欧洲基督教发展史上所谓"阿维尼翁教廷"或"阿维尼翁之囚"时期，直到教宗额我略十一世（Gregor XI，1336—1378）选出并于 1377 年重新将教廷迁回罗马后才结束。唯 1378 年老教宗去世、继任乌尔班六世（Urban VI，1318—1389）选出后，法国枢机主教团不服选举结果，再度于阿维尼翁另立克勉七世（Clemens VII，1342—1394）后，又形成近四十年欧洲天主教会大分裂时期（Western Schism，1378—1417）。

致，而是主教为一种具延续性的政教事务领导职位，该职位较不会因政治局势或朝代改变而异动；也不像诸多中世纪低阶贵族城堡，因战乱毁坏或贵族无男丁后嗣继承而遭遗弃、任其崩塌。由于主教教区及主座教堂设置地点通常不会异动，城堡原本功能得以持续保存、运作，故多数中世纪主教城堡自十六世纪后亦随当时建筑时尚，改建为文艺复兴或巴洛克式风格之宫殿或行宫。诸如前述位于阿沙芬堡的美因茨大主教夏宫——约翰尼斯堡宫——即为主教城堡发展成新式宫殿建筑的范例。整体而言，主教城堡为神职人员管辖使用，但也有少数主教城堡同时兼具类似分割型城堡的特色。

修道院城堡

基督教修道院是种由众僧侣、修士或修女结合而成的一种封闭性、自给自足宗教研修、苦行、劳动生活团体。基于这种密闭自我修行的生活方式，加上多数修道院坐落在城市聚落外的乡野中，故中世纪修道院多数设有城墙环绕着整座修院与外隔绝，相对亦形成一种犹如世俗封建贵族城堡般密闭生活空间外观；唯修道院城堡并不以防御功能为重心，封闭性围墙的设置多数只是形成与世俗世界之隔绝并提供简易防卫屏障。

修道院城堡遍及中、西欧等基督教信仰分布区，位于法国西北部诺曼底海边的圣米歇尔山修道院（Abbage du Mont-Saint-Michel，5-16）即为其中宏伟之建筑典范。这座早于公元 708 年就奠基的本笃派修道院坐落在离法国本土岸边一公里外岩岛上，仅于退潮时才能借浮出海平面的沙滩与岸边联系。经由公元十到十三世纪间陆续整建遂发展出现存由城墙、角塔围绕的修道院建筑群。而十一至十三世纪的中世纪盛期，修道院城堡之兴建亦间接和许多修道院建立者或修道院院长出身自贵族阶级有关，因其贵族身份之故，在修道

5-16 圣米歇尔山修道院城堡夜景。

5-17 位于巴伐利亚班贝格的本笃派米歇尔山修道院。

5-18 伊尔本施塔特修道院十八世纪兴建之巴洛克式城堡城门。

院规划设置时，容易将贵族城堡建筑元素融入其中。诸如位于巴伐利亚地区班贝格（Bamberg），公元 1015 年起设置的本笃派米歇尔山修道院（Kloster Michelsberg，5-17），及公元 1123 年兴建于韦特劳地区的伊尔本施塔特普利孟特瑞会修道院（Prämonstratenserkloster Ilbenstadt，5-18）皆由当地区域性伯爵家族建立，而伊尔本施塔特修道院在十八世纪初重建的巴洛克式围墙城楼，更突显了修道院城堡的辉煌。

教堂城堡

教堂城堡系中世纪中、晚期后发展之类型，多数分布在中欧偏远山区、乡村聚落地带。其功能除平时作为当地教区教堂使用外，在偏远乡间中，教堂通常为少数使用坚固石材兴建之建物，故每逢战乱、盗匪来袭，教堂城堡即转化为村民集体避难、防卫的据点。大致而言，教堂城堡多位处中世纪动乱频繁或众多领主封地交错地区，如帝国境内弗兰肯、阿尔萨斯或现罗马尼亚特兰西瓦尼亚地区。尤其后者当时隶属帝国最东边势力范围，从十三世纪到十七世纪末一直处于基督教和伊斯兰文化交错、冲突地带。当地农民除首先面对蒙古帝国十三世纪西征外，接踵而来则是奥斯曼土耳其帝国近三百年的侵袭纷扰。特别在东罗马帝国首都君士坦丁堡于公元 1453 年陷入土耳其手中后，强化教堂防卫及当地居民避难之需求格外重要。而弗兰肯地区除位于帝国诸多不同封建势力交错区外，公元 1618 至 1648 年间亦为宗教信仰引发之三十年战争主要冲突区之一，该类城堡设置亦为频繁。

教堂城堡多地处乡间，故其建筑外观与空间设置较其他类型城堡略显朴素。如同早期中世纪简易土基座城堡一般，整座建筑群系以由城墙环绕的教堂为中心。通常位于教堂西侧之钟塔则同时具一般城堡中避难或充当防卫主塔的功能，动乱之际储存粮食之仓库或其他经济性用途的建筑物，则环绕城墙内侧而建，城墙四周等距处则依需要设置城塔或城门。现存特兰西瓦尼亚地区维洛尔谷（Valea Viilor，5-19）之十四世纪城堡教堂，即明显印证该类城堡的防御功能，教堂西侧钟塔除改建成木格架城堡防卫主塔外，连教堂东侧祭坛区屋顶也同样改建为另一座防卫主塔，突显教堂城堡宗教、防卫并重之双重功能。

经济及商道控制

中世纪城堡功能中最具特色者，莫过于兼具财政营收及控制陆路或水路通商要道功能之"关税城堡"。因对当时封建统治者而言，除经营所属土地资源取得之收入外，向过往商旅开征税收才是最为直接、迅速累积财富之法。故举凡商旅要道经过之山隘、桥梁、河边，甚至河中浅滩，均普遍设置

5-19 维洛尔谷教堂城堡及其教堂东西两侧塔顶防卫设施、外部围墙。

Kirchenburg von Wurmloch / Valea Viilor

可控制过往交通并对来往旅人征税之城堡，以同时兼顾边境领土防卫及充实经济来源之效。

自罗马帝国以降，莱茵河、多瑙河沿岸通道向来为中欧地区主要两条军事及通商干道，故设置城堡维持沿途要道通行顺畅，自然为掌控该区域统治者的重要课题。尤其在莱茵河及所属美因河、摩泽尔河、兰河和内卡河等主要支流沿岸，更分布众多隶属不同区域的贵族、主教所兴建之税堡，使莱茵河下游平原及中游河谷沿岸形成税堡分布密集区。而除前述兴建于莱茵河中浅滩上鼠塔、普法尔茨伯爵岩城堡外，尚有九座分别属科隆、特里尔及美因茨大主教、明斯特主教（Bischof von Münster）、普法尔茨伯爵及卡岑埃尔恩博根伯爵管辖之税堡，矗立在位于科布伦茨及宾根（Bingen）间南北狭长的莱茵河谷间。前述中世纪晚期转变为强盗骑士据点的莱茵河谷赖兴施泰因城堡、索内克堡，其原始功能便是作为防御边境领土并向往来旅人课征通行税之征税城堡。

除了防御、镇守河川要道之河岸型关税城堡外，在奥地利蒂罗尔、意大利北部等阿尔卑斯山区，亦设置有山隘型关税城堡，以防卫山谷隘道并对过往旅者、商人进行征税。位于南蒂罗尔（Südtirol）地区之穆尔巴赫隘口（Mühlbacher Klause，5-20）就是一座建于十三世纪的山隘型税堡，借由沿山坡顺势兴建之城墙及城塔，不仅将整个隘道横切封闭，也形成当时巩茨（Grafen von Gönz）和蒂罗尔（Grafen von Tirol）两个伯爵家族之间的领土边界。而同样十三世纪初由斯陶芬王朝于阿尔萨斯兴建的凯泽斯贝格城堡（Burg Kaysersberg），即坐落在连接阿尔萨斯及洛林之间的古罗马通商要道起点上，作为动乱时强化控制甚至封锁区域间通行的据点（5-21）。

5-20 位于阿尔卑斯山区穆尔巴赫隘口，十三世纪兴建之山隘型关税城堡。

5-21 十三世纪初掌控阿尔萨斯及洛林间通商要道的凯泽斯贝格城堡。

财产管理及防护

对君主、区域性贵族及主教等统治阶级而言，中世纪城堡设置之另一重要功能在于防卫及管理所属土地、财产、庄园，甚至蕴藏之天然资源。整体而言，这类具有保卫、财产管理等双重功能之城堡广泛散布在统治者所属领地中。与居住功能为主的宫殿城堡相较，两者在外观和规模上并无太多差异，不过具财产防卫功能的城堡除可提供领地及财产管理者居住外，更发挥保障、维持封建贵族所属经济命脉的功能。依照这类机能性城堡所隶属的对象划分，主要可分为由帝王直接管辖的帝王城堡，及其他一般封建贵族兴建的财产维护性质城堡。

帝王城堡

帝王城堡是为看守封建君主散布各地之土地财产、庄园所需，由帝王敕令兴建的中世纪城堡类型。在公元十到十三世纪神圣罗马帝国境内，该类型城堡遍及中欧、波希米亚、意大利等地。尤其帝国境内普法尔茨、弗兰肯、施瓦本及阿尔萨斯等政治核心区更为帝王城堡密集分布所在。

在实际运作上，帝王城堡平时由帝王直接委托城堡管理者或邻近帝国朝臣家族代为管理；但伴随朝代更迭，部分帝王城堡更顺势为朝臣贵族所接收，或在原有代为管理之附庸或骑士册封为城堡伯爵后，原本所委托管理的城堡亦同时转化为其封邑所在。这些因素都致使部分帝王城堡和朝臣城堡在定义和外观上多有相似之处。而在中世纪帝王行宫设置较不密集的区域中，部分帝王城堡同时兼具帝王行宫功能，成为招待帝王停留休息、准备下段旅程之据点，因此也使得帝王城堡和行宫城堡之间的差异不甚明确。

虽然不同帝王城堡间的基本设置功能雷同，唯兴建之因各有差异。位于现黑森州南部的三橡帝王林区，自850年以来就是神圣罗马帝国历任皇帝的狩猎林场。公元1080年左右，帝国萨利安王朝皇帝海因里希四世（Heinrich IV，1050—1106）兴建的三橡林城堡，主要功能就是看守这块直属帝王的林区。因为在人类尚无法有效开采煤铁等地下天然资源的时代，树木俨然成为此时最珍贵天然资源之一；故该城堡不只具体保护帝王狩猎场，亦兼具维护土地上所属天然财产之功效。

此外，中世纪封建制度兴盛之际，各地封建诸侯或主教辖区林立，当时许多帝国直辖领土并非相连一起，而是零星分布于其他封建诸侯间或为单一诸侯领土所环绕，形成"飞地"。公元十世纪起，由神圣罗马帝国萨利安、斯陶芬王朝于莱茵河沿岸，尼尔施泰因及奥彭海姆等地兴建的施瓦布斯帝王

帝王城堡：

中世纪君主领土政策的棋子

5-22 卡斯蒙特帝王城堡的防卫主塔及裸露于外之夹墙内部碎石。

除具备管理、维护帝国财产的功能外，就实际政治运作功能而言，帝王城堡正如同西洋棋中的"城堡"一般，更是当时中世纪君主贯彻其领土扩展政策的重要活棋。广设城堡不仅可达到捍卫帝王所属土地财产之效，更可强化对邻近区域统治网脉之建立，并加速领土间的相互联系。另外，在政治宣示及主权展现上，帝王城堡的设置更象征统治君主在帝国区域中稳定、持久的呈现，宣告当地领土的主权所属，并向邻近接壤的封建家族展示其统治权威。公元十二世纪，神圣罗马帝国斯陶芬王朝便在帝国直属的韦特劳地区大幅兴建城堡和行宫，强化对当地的直接掌控。由于该地区向来是帝国中部重要的农业粮仓区域，故在整个约50千米的狭长地带，北端不仅设置卡斯蒙特帝王城堡（Reichsburg Kalsmunt，约1170—1180，5-22）、南端则有盖尔恩豪森帝王行宫屏障外，东西两侧更有朝臣城堡——明岑贝格城堡，及弗里德贝格城堡（Burg Friedberg，约1171—1180）的捍卫，以面对紧邻美因茨大主教领土的不断扩张。

5-23 施瓦布斯帝王城堡的防卫主塔。

5-24 兰茨克龙帝王城堡。

城堡（Reichsburg Schwabsburg，5-23）及兰茨克龙帝王城堡（Burg Landskron，5-24），就是为了看守帝国在尼尔施泰因至奥彭海姆间的飞地及其地上所属庄园资产而设立，同时也对邻近强大的美因茨大主教展现帝王威严。

　　在所有中世纪早期至盛期间的帝王城堡中，历史地位最为特殊者莫过位于现德国普法尔茨林区的三重岩帝王城堡（Reichsburg Trifels）。这座位于砂岩上之顶峰型城堡自公元 1113 年归属萨利安王朝皇帝海因里希五世（Heinrich V，1081—1125）所有后，随即作为保管象征帝国王权之皇冠、权杖、皇袍等帝国印信及监禁重要政治敌人的地点。1125 至 1246 年间，不只帝国信物典藏于城堡中，就连英国国王狮心王理查（King Richard the Lionheart，1157—1199）也在第三次十字军东征（1189—1192）回程之际，于 1192 年被当时政治上的死对头斯陶芬王朝海因里希六世皇帝（Heinrich VI，1165—1197）所逮捕，在 1193 至 1194 年间囚禁于城堡内部[①]。

----

　　① 三重岩帝王城堡系公元十一世纪末由掌管当地之雷吉博登（Reginbodenen）伯爵家族兴建，十二世纪初因继承转让之故，移转至萨利安家族。英王理查一世拘留约一年后才以支付赎金方式释放返回；除英王外，十三世纪初科隆大主教布鲁诺（Bruno von Sayn，约 1168—1208）及帝国皇帝施瓦本的菲利普（König Philipp von Schwaben，1177—1208）亦曾因当时帝国王位争夺问题而被关入城堡中。

此外，三重岩城堡也多次发挥行宫功能，成为海因里希六世和弗里德里希二世南征意大利的出发点。皆证明该城堡在神圣罗马帝国及日后德国政治历史上之重要性。

其他封建贵族之财产管理及防护功能城堡

除帝王之外，其他区域性侯爵或主教亦同样兴建类似功能的城堡，以保卫其领土财产。除前述位于莱茵河河谷起点，为防护下方河滩中矗立之关税城堡，由美因茨大主教兴建的荣誉岩城堡外，公元十四世纪初，另一位美因茨大主教彼得（Erzbischof Peter von Aspelt，1306—1320 年在位）于现今德国奥登瓦尔德林区中兴建之正方形菲尔斯特瑙宫殿城堡，即用以看守主教位于当地之领土，避免遭邻近埃尔巴赫伯爵家族（Grafen von Erbach）之侵袭。

公元 1150 年，由伦克尔伯爵家族（Herren von Runkel）于兰河岸边岩层上兴建之伦克尔城堡（Burg Runkel，5-25）则是为保护横跨城堡前方的兰河桥而兴建，以维持伯爵家族对外联系之顺畅，并保护及控制当地交通枢纽。

军事防卫

不论中世纪城堡兴建的原始动机为何，各种类型城堡或多或少都具备某种程度的军事防卫功能。而纯粹以这项目所设置的城堡，可大致区分为以因应主动攻击需要而构思的"围城型城堡"，和以被动防守为主要任务的"要塞型城堡"。

5-25 伦克尔城堡及前方横跨水面之兰河桥。

围城型城堡

在中世纪初期和中期，火药枪炮等军事科技尚未流传至欧陆并普遍运用在军事行动之际，地面战争的输赢主要取决在能否夺下敌人固守之城堡。由于缺乏大规模爆破性武器可用，因此攻略对方城堡最有效的方式莫过于采取全面包围策略。在我方弓箭或投掷武器有效射程内，于敌人固守之城堡对面山坡上兴建围城型城堡进行对峙、包围，借此断绝敌方对外补给支持。利用以时间换取空间之方式，在敌方弹尽援绝下进而轻易占领对手城堡。这种进攻策略的好处在于对方城堡在没有遭受大幅破坏、摧毁下直接被征服，给予我方不需太久时间修建，就可全面使用之城堡资源。

围城型城堡主要运用在较为短暂的军事行动上，不像其他类型城堡具有数十或数百年长期使用考量，因此多数系由土石或木材等轻易施工之建材兴建而成，在军事目标达成或废止之刻即遭到拆除或废弃之命运，只有由石材兴建的城堡才得以保留下来，这也是导致该类型城堡鲜少遗留迄今之原因。现有中世纪围城型城堡中最为著名的案例，即公元 1331 年由特里尔大主教巴尔度因一世为扩张领土范围，发动农民于摩泽尔河流域内，在埃尔茨城堡对面山坡上兴建之埃尔茨围城城堡（Burg Trutzeltz，5-26），借以包围并冀望夺下该座城池。虽然这场领土纷争最终以和平方式解决，但已显示出围城型城堡具备之军事价值。

此外，部分位于封建贵族间领土交界处之围城型城堡则兼具主动攻击及被动防御功能。诸如公元 1360 至 1371 年间，统治莱茵河中游河谷的卡岑埃尔恩博根伯爵家族即在河岸小镇圣戈阿尔斯豪森（St. Goarshausen）上方

5-26 位于埃尔茨城堡对面山头上之埃尔茨围城城堡及其围墙遗址。

山坡设置猫堡（Burg Katz，5-27），以抗衡公元 1353 至 1357 年，由特里尔主教伯尔蒙特二世（Boemund II von Trier）于猫堡北侧两公里河岸山峰上兴建之鼠堡（Burg Maus）[①]。由于卡岑埃尔恩博根家族只是当地区域性小贵族，加以鼠堡位置过于接近双方领土交界及卡氏家族位于河对岸小镇圣戈阿尔（St. Goar）上方之莱茵岩家族城堡（约 1245 年兴建）。为制止特里尔主教持续性的领土扩展策略，卡岑埃尔恩博根伯爵只好借由猫堡的设立进行牵制，减少潜在的军事威胁。

要塞型城堡

对主动性攻击施展有效的被动性防卫，是各类型城堡基本功能。而要塞型城堡即是公元十四世纪末起，为因应火炮攻击逐渐广泛运用到城堡攻略上，因而发展出来的新型城堡。在此之前，中世纪城堡防卫多半在于兴建厚重、高大的围墙及塔楼以抵御弓箭、投掷器等投射武器之攻击；而自十四世纪火炮使用后，城堡原先高耸的防卫结构反而构成防护之缺点，增加遭受火药直接破坏的面积。因此十五至十七世纪间，许多中世纪城堡遂逐步改建为抵御新式武器攻击成效较佳的要塞型城堡，并在城堡周围端角增设菱形锥状、无防御死角的炮台碉堡、宽浅壕沟，以及如箭头突出状的前置防御建筑，以减少城堡被火炮破坏之可能，并增加本身防御力，使城堡原有垂直防卫系统转变成水平防卫系统。

5-27 莱茵河谷上方的山坡型新卡岑埃尔恩博根城堡（猫堡）。

---

① 猫堡和鼠堡是十八世纪中叶于当地民众口中开始逐渐流传之昵称。起因为卡岑埃尔恩博根伯爵家族名称 Katzenelnbogen 中，Katze 一词系德文"猫"的意思。由于两座城堡相邻甚近，因政治对立而兴建、盘踞，犹如猫与老鼠般为生存而对峙，故逐渐形成这类民间俗称。

5-28 纽伦堡城堡北侧十六世纪中兴建之菱形炮台碉堡及前方深邃壕沟。

　　自公元十二世纪起曾作为神圣罗马帝国行宫的纽伦堡城堡（Nürnberger Burg），在十三世纪后半叶丧失原有行宫地位后，城堡即改由此时成为帝国直属"自由城市"的纽伦堡市政厅使用。公元1538至1545年间，市议会决议在位于旧城西北角红色砂岩上的城堡西、北两侧建立新式菱形炮台碉堡及深邃壕沟（5-28），防御敌人由西北端进攻这座帝国中世纪晚期到文艺复兴时期，境内最大的直属城市。此外，曾作为维尔茨堡主教行宫的马林贝格城堡在三十年战争后也改造为拥有炮台菱堡的城堡要塞；尤其1744年，由建筑师诺伊曼（Balthasar Neumann，1687—1753）于维尔茨堡市区内兴建之巴洛克主教宫殿（Würzburger Residenz）完工后，维尔茨堡主教顺势将其宫殿从马林贝格城堡迁至美因河对岸新主教宫殿后，原有城堡就失去作为统治者住所之功能，转变为纯粹军事功能的碉堡要塞。

　　整体而言，现存遗留下的要塞型城堡多数是基于不同原因由中世纪城堡改建而成。军事防卫观念的转变，使得原先中世纪城堡所具备居住、防卫合一的功能也逐渐丧失其重要性。自此，这两种封建贵族城堡中应有之功能逐渐分离，城堡建筑中原有的居住功能由宫殿取代，而原有防卫功能则转移到在各重要交通要道或军事据点间所兴建的碉堡要塞。而要塞型城堡正是在公元十五至十七世纪这段过渡期间所产生，反映出中世纪城堡功能逐渐没落，转为纯粹宫殿或要塞两种不同的独立建筑类型。

第六章

主城堡

就城堡建筑构成的空间元素而言，中世纪城堡大致可区分为以居住功能为主的"主城堡"（亦称核心城堡），和以经济、防御功能为重心的"前置城堡"等区域。本章即针对这两大建筑空间元素，于核心城堡中由外向内、前置城堡由内向外之方式，对中世纪城堡中各种基本建筑元素的起源、功能、发展和样式等面向进行剖析。

主城堡是中世纪城堡的核心，也是统治贵族在城堡内居住生活的主要空间，包含：城堡中所有极具高度艺术装饰性、仪式性并能彰显统治阶级崇高地位的接见大厅、宫殿、礼拜堂、防卫主塔，甚至水井和厨房等重要生活所需的建筑元素。反之，较易带来环境及卫生问题的仓库、马房、畜栏、磨坊或铁铺等经济性功能房舍，则通常设置于前置城堡中。行进动线上，统治贵族若外出，首先需离开主城堡城门，穿过前置城堡及外部防卫系统后，才会实际踏上属其管辖之封邑领土。然而，并非所有中世纪统治贵族都有能力兴建前置城堡，对于低层或地区性的伯爵、骑士家族而言，基于本身财力及原有城堡坐落位置或地形空间所限，无法再行增辟前置城堡作为兴建经济性功能房舍之处，仅能将所有生活性、经济性功能的建筑彼此不分地围绕主城堡中庭兴建。

城门

城门是主城堡内第一个建筑元素，其后就是城堡统治者专属的私人生活领域。城门基本上是城墙墙面上的开缝，通常坐落在环绕城堡的壕沟之后，并借由横跨壕沟上方的桥梁、悬臂吊桥等通道进行城堡内外双边联系（6-1）。而不论主城堡或前置城堡，两者都至少各自设置一座城门分别作为彼此互相通连或对外联系用，而大型高阶统治贵族城堡或分割型城堡可能同时具有数个主要城门对外通连。

尤其在分割型城堡中，由于整座城堡产权分配给家族中不同支脉子孙各自继承，使得各宗族支脉间可支配的生活空间缩小，若后代子孙发生争执不睦情况时，共同使用同座城门出入反而容易酿生更多纷扰。考虑到家族和谐，让城堡中各嫡系支脉自主人员管理，同时也为了便利进出，部分分割型城堡都拥有数座城门，作为城堡内各所属家庭专用。位于摩泽尔河流域的埃尔茨城堡在十二世纪转变为分割型城堡后，就同时拥有三座主要城门，分别作为分家后的吕本纳赫-埃尔茨、罗登朵夫-埃尔茨及坎本尼西-埃尔茨三个家族子嗣各自对外通行使用。

不过，并非所有城堡都拥有城门这项建筑元素。部分中世纪初期、兴建

6-1 马林贝格要塞城堡中，通往主城堡的
舍伦贝格城门及前方桥梁和壕沟。

于战乱频繁地区，或因地势局限而于不平坦处兴建及地区性的小型伯爵城堡，
就可能基于安全因素放弃于城堡中兴建城门，取而代之则是在离地面数米高的
城墙及城塔上，兴建一个经由绳梯或随时可分离抛弃式的木梯连接地面的小门
或窗户充当城门之用，借此增加城堡防卫安全。

城墙式城门

公元十一及十二世纪时期的城门构造甚为简单，仅是墙面上设置的开
孔，作为连通之用。此时城门深度多半和城墙厚度相同，并无特别突出或退
缩至城墙前后两方，形成深广的城门廊道。而门框四周亦相当朴素，缺乏精
致石雕装饰彰显城堡主人威严（6-2）。城门开阖则多由一扇至两扇可向后
推开之门扉组成，平时仅由一根横插入城门侧边石墙内的横杆作为关闭城门
的工具。公元 1152 年由赛恩伯爵家族（Grafen von Sayn）在今德国西
林山区西缘设置的赛恩堡（Burg Sayn，6-3），就拥有一座朴素、简易之
"城墙式城门"，其上只有十四世纪后增加的伯爵家族徽章作为简易装饰。而
前述埃尔茨城堡的窄小圆拱城门框架，更是简易地横跨两旁由火成片岩砌起
之石柱上（6-4）。

6-2 公元1150年兴建之古腾堡城堡中简易城墙式城门（左）和右方利用现有岩峰形成之城堡基座（右）遗址。

6-3 赛恩堡城墙式城门及左侧防卫主塔。

6-4 埃尔茨城堡及火成片岩构成之城门。

6-5 十五世纪前半
叶于海德堡宫殿南侧
设置之城门及其上卫
戍人员居住地点。

城塔式城门

除城墙式城门外，多数中世纪城门为多楼层城塔式
或城楼式城门——由城门廊道和其上方作为不同使用功
能之空间所组成。但不论城门形式为何，其上方空间因
有实际使用需求，故该类城门纵深颇大。城门设置不是
突出于城墙之前，就是突出城墙后方，形成宛如隧道般
数米长的圆拱形城门通道。"城塔式城门"和前述朴素
的"城墙式城门"，都是中世纪城堡中最常出现的城门
形式，类似设计也时常出现于前置城堡入口或城堡外围
城墙上。城塔式城门除可借由高耸外貌显示城堡统治者
权威外，最大功能在于军事用途，士兵可以使用楼上空
间以观察下方城门的通行状况，借此进行城门防卫及瞭
望周遭情势。因此城门上方空间可运用为士兵平时守卫、
执勤后休息据点及战时抵挡敌人进攻的卫哨，如同城墙
般，城塔式城门上也设有防卫通道和城垛等装置以保卫
驻守士兵安全（6-5）。另外，为巩固防守，部分城门两
侧甚至均各设置一座城塔矗立左右两端，横向与城门相
连，形成双塔式城门的设计（6-6）。

城楼式城门

"城楼式城门"则是将城门和其他不同用途的房舍
空间结合为一体的设计形式，其中最为特殊者，是利用

6-6 德国黑森州中部布劳恩费尔斯城堡中，
前置城堡入口处双塔式城门设计。

城堡城门的断尾求生之道：
壳架式城塔城门

城堡城门因其本身并非以防御为主的建筑本质及易接近性，在中世纪战争时绝对是敌军首要亟欲突破之目标。因此，除了加强城门外围的防卫系统设置外，诸多公元十一至十三世纪的城塔式城门采用"壳架式城塔"设计。在这种城塔城门样式中，城塔外侧及侧边是由石材兴建，面向城堡内侧及其中间楼层则以便宜、方便施工的半木造桁架方式兴建。如此在情势危急之际，守军可将这些木结构建筑部分于撤守前主动摧毁，以断尾求生，使敌人无法以此为根据由高处向城堡内射击。公元十二世纪时期，神圣罗马帝国斯陶芬王朝在当时所属韦特劳地区北端兴建的卡斯蒙特帝王城堡中，其城塔式城门（6-7）就采用这种壳架式设计。城门上的防卫走道及城塔外墙后方的木造地板、栏柱等部分早已摧毁，因此现存城塔遗迹只呈现∏字形的石墙空壳，只有从城门内侧墙面上规律性设置，为撑托楼层间木地板而开凿的水平状横梁凹槽可证明过往这种城塔的设置。而类似的城门兴建方式也普遍出现于中欧各地中世纪城墙的防卫系统中（6-8）。

6-7 卡斯蒙特帝王城堡现存壳架式城塔城门遗迹。

6-8 莱茵河谷小镇上韦瑟尔内科隆门（Kölmer Torturm）及其后方尚未摧毁之壳架式木结构楼层。

上方空间作为宗教仪式之礼拜堂使用。虽然"城门礼拜堂"的由来及象征意义，在目前建筑史研究中尚有争议，但就空间机能而言，这类形式建筑的出现可能原因是部分中世纪城堡宫殿紧邻城门而建，多数城堡贵族之寝居卧室都在宫殿楼上，因此礼拜堂设置在邻近的城门上，可使城堡贵族经由寝室和礼拜堂间的通道就近步行至礼拜堂内进行仪式，而住在城门周围或前置城堡内的仆役和守卫者也不需进入主城堡内的空间，就可利用城墙或城塔中的通道进入礼拜堂进行祈祷。如此一来，能避免过多闲杂人等穿越专属城堡贵族使用的主城堡内部空间。

整体而言，礼拜堂和城门的空间结合，早在十二世纪时期就已成为神圣罗马帝国境内普遍的城楼式城门建筑形式，尤其部分于斯陶芬王朝时期兴建的帝王行宫、帝王城堡或朝臣城堡都可看见这类礼拜堂城门的设置，诸如同样位于韦特劳地区的明岑贝格城堡（6-9）及盖尔恩豪森帝王行宫（6-10）的城门即属这种造型。尤其盖尔恩豪森行宫城门位在近似椭圆形平面的城堡西端，介于北侧围绕城墙兴建的行宫宫殿及南侧供士兵防卫的城塔间。城门

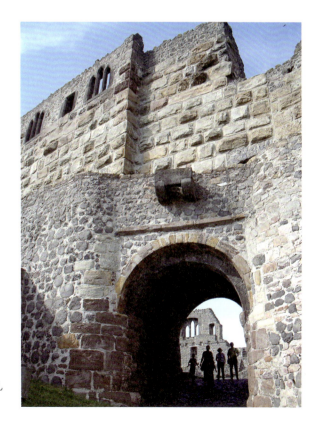

6-9 明岑贝格城堡城门，及上方投掷孔和礼拜堂遗址。

6-10 盖尔恩豪森
行宫城门，及楼上
城门礼拜堂遗址。

6-11 盖尔恩豪森行
宫中之城门大厅。

6-12 施塔莱克城
堡城门和栈桥（左）
及右侧高大盾墙。

上礼拜堂不仅有平面通道连接宫殿，更有一条石阶通道，由城门右侧墙壁中回旋衔接上方礼拜堂及城塔，由此突显两条通道系分别由城堡内不同阶级人员专属使用之功能。而现遗留在城门入口上方的四个"托拱石"，亦标示出当时礼拜堂外墙上可能存在的突出防卫平台，用以戍守、掌控城门通行状况。不过盖尔恩豪森城门特别之处，在于其通道并不似其他城堡只是一条如隧道般的圆拱顶通道，尽管西侧入口处只有一扇大门对外相连，但跨过门扇后所见则是个和楼上礼拜堂宽度相同，由两排廊道组成的十字肋拱顶式城门大厅（6-11）。如同已成废墟状态的礼拜堂一般，城门大厅内是由三个纵深的十字拱顶长度（Joche）构成的双排走廊组成，走廊间不仅由两座圆柱区隔，圆柱柱头上更装饰当时流行的罗马式几何状植物石雕。这犹如教堂内部结构的城门大厅设计，在当时不只对穿过其间的宾客增加对行宫主人的崇高之感，更烘托出楼上城门礼拜堂的宗教意义，使贵宾、使者仿佛进入一个真正的现世基督教君主城堡中。

城门上的空间除可作为礼拜堂使用外，多数城楼式城门上方厅室亦可充当城门卫戍人员执勤、居住之处，并与城门旁戍卫厅舍相连。位于莱茵河中游的施塔莱克城堡（Burg Stahleck），其城门正好设于右侧盾墙和左侧通往城门上方守卫室的楼梯之间，由城门上守卫室即可直接防卫城门前方横跨干颈沟的栈桥（6-12）。由于这些空间通常系供低层仆役使用，故部分城堡中，城门上方房舍就如当时半木造桁架民房一般由木材质兴建而成。位于黑森州中部的弗里德贝格城堡在十五世纪末就曾重建一座左右两端由低矮城塔包夹、横峙于城堡和城堡前方城镇间的城门（6-13、6-14），城门上供卫戍人员使用之屋舍就是由这种木造格架房舍搭建完成。木造房舍紧靠宽广城门石墙后方，因此由城门外侧望去，并无法察觉城墙后方木造戍卫屋舍之存在。

公元十五世纪后，伴随军事技术的进步，中世纪城堡也逐渐丧失原有以防卫为主的用途。在城堡逐渐发展为以强调舒适居住性并彰显统治者威严为首要功能的新式宫殿建筑过程中，部分城楼式城门依当时流行的文艺复兴式风格而全面采用大型石材改建，连城门上空间也转变为城堡宫殿的一部分，成为城堡家族的居住空间来使用。另外，自十四世纪起，城门上方墙面也逐渐改以显示城堡所属家族徽章或彰显统治者功绩的石雕或铭刻装饰，使城门外墙转化为一种政治性宣传的装饰空间，对外宣告城堡所属及所在领地统治权（6-15）。十六世纪前半叶兴建的海德堡，城门上方即突出设置了一对手持长矛、宝剑，全身穿着中世纪胄甲的武士雕像，矗立在另一对左右面向站立的狮子旁。其中狮子的前爪扶着普法尔茨公爵的家族徽章，以标示城堡所属权。这对狮子及家族徽章，则嵌设在一座结合文艺复兴式圆拱门及哥特式半弧形三叶状连续悬拱饰带的壁龛中。公爵家族徽章虽早已佚失，但由其细致、宏伟的雕饰，可看出主城门的重要政治意涵（6-16）。同样注重装饰性的城门设计，亦可见于现德国陶努斯山区伊德施泰因城堡（Burg Idstein）的城门建筑（6-17）上，这座十五世纪中兴建的三层城门塔楼虽以戍守城门为主要用途，但两座从二楼开始以斜角方式向外突出的角楼，以及悬挂在城门上方的伯爵家族徽章，加上当时贵族所属建筑物普遍使用的十字形石窗窗框等元素，处处都对城堡外所属子民强化统治者威严。而掌控莱茵河中游及兰河等流域的拿骚伯爵家族（Grafen von Nassau）在取得迪茨城堡

6-13 弗里德贝格城堡城门及两侧墙面上钥匙形射击缝隙。

6-14 弗里德贝格城堡城门后侧上方半木造桁架戍卫屋。

6-15 弗里德贝格城堡城门上方饰有城堡伯爵家族之徽章浮雕。

6-16 海德堡宫殿城门塔及其上方原有装饰家族徽章之壁龛及武士雕像。

6-17 伊德施泰因城堡城门及其上方斜角式突出之文艺复兴风格角楼。

（Schloss Diez）所有权后，公元1455年起亦同样将城堡城门改建为一座三层楼，并饰有当时最流行旋涡、直翘状角饰的文艺复兴式山墙立面城楼式城门（6-18）。

城门的机关

城门是城堡防御上最脆弱之处，因此在中世纪城堡营建设计上，城门防护向来是重要的课题。城堡世纪初期，城门防御除在其关闭后，于城门后方摆置横栏防止大门被冲击、突破外，亦可在城门左右两侧设置城塔或于上方架设防卫走道。此外，城门前方可搭建木造栈桥以横跨壕沟，并在危急时能随时拆除破坏，是当时制止敌人快速突进的普遍设计。但随着中世纪防卫科技的进展，十二世纪后，多数城堡也开始陆续采用可机动升起的垂降栅栏、悬臂吊桥及设置投掷角楼等防护措施。这些新式防卫设计不只运用在城堡防卫上，亦可实际应用在一般中世纪城市城门防卫系统中。

垂降栅栏

可半机械式升起的"垂降栅栏"是当时最为新颖的科技发明之一，多数出现于战争频繁或位处边陲地区的城堡城门上。这种垂降栅栏虽然在十二世纪就已出现，但当时并未使用在城门防卫上，直到十四世纪后这项发明才广为运用。统治兰河中游的索姆斯-布劳恩费尔斯伯爵家族（Grafen von Solms-Braunfels）于十五世纪末重新整建所属布劳恩费尔斯城堡（Schloss Braunfels）时，才在主城堡的城门上架设这种垂降栅栏（6-19）。平时栅栏多维持降下封闭状态，人员进出仅由左侧小门进行。垂降栅栏基本上是将一片由木条十字交叉、相互卡榫而成的细密格状门栏，以轮轴绳索带动方式，经由人力旋转旋臂，依需要高度升降。架设时，这片通常会在木条上还会铸上白铁的栅门必须插入城门两侧石槽轨道中，如此在升降时，栅门才不会前后晃动。由于它是以上下方式移动，加上负责传动之滑轮需置于高处等因素，因此这类垂降栅栏设置之先决条件在于城门上方必须要有一至二层楼高的城塔。平时升起时，栅栏才能完全收纳于城门上方。

虽然这种半机械设备在多数保存迄今的城堡建筑中早已被移除，但由城门上方壁面两侧外露之平行长条状凹槽仍能想象其原始样貌。诸如在通往迈森大主教所属之阿尔布莱希特主教城堡的城门上，仍然可见到这种升降垂降栅栏的滑轨凹槽（6-20）。此外，一座城门不只可设置单一垂降栅栏，也可在城门前后两端或城门通道中间，设置如陷阱般的多道垂降栅栏，依序降下将潜入敌人困于其中。坐落于上巴伐利亚地区艾希施泰特中的威利巴尔德城堡，其城门入口通道深达 63 米，因此通道中央更多增设二道垂降栅栏，以增加城门通道防御，并可轻易对成功潜入第一道防线之敌人在此密闭通道中拦阻夹击、防止继续渗透。虽然通道中的栅栏早已拆除，但仍可由通到中央遗留之天井及横梁窥探其原貌（6-21）。

6-18 迪茨宫殿城堡中之文艺复兴城楼式城门及山墙立面装饰。

6-19 布劳恩费尔斯城堡中主城堡城门上垂降栅栏及城门礼拜堂。

6-20 阿尔布莱希特城堡城门上外露之垂降栅栏滑轨凹槽。

6-21 威利巴尔德城堡入口通道中央处之垂降栅栏遗址（现仅剩横梁）。

6-22 法国卡卡颂城市城墙系统中，位于城门前方横跨壕沟的悬臂吊桥（右）。

悬臂吊桥

悬臂吊桥是一种将城门和吊桥结合为一的城门防御设计。其原理系将铁链固定于城门门板上方两端，并将铁链环绕、装置在城门上端门龛内的轮轴，随后以人力转动旋臂之方式进行 90 度升降：门板放下时，便成为横跨壕沟或护城河上的桥梁；升起时，则是垂直的城门。悬壁吊桥于十二世纪就已运用在法国西北部、英国等地的城堡或城市防御系统上，直到城堡世纪结束后，仍然持续运用至十九世纪中叶的宫殿、要塞或城市防卫系统上（6-22）。基本上，这种悬臂吊桥也可设置于城门本身或城门外，但不论设于何处，唯须考虑将铁链、轮轴、转臂等部件在吊桥收起时，可完全隐藏于墙内，防止敌人进攻时，利用器具强力扯断。十七世纪末，掌理美因河畔塞利根施塔特（Seligenstadt）内的本笃派修道院院长，在当地兴建作为夏宫使用的巴洛克水边城堡就保留这种前置型悬臂吊桥（6-23）。不过，十九世纪初伴随浪漫主义思潮而对中世纪城堡兴起怀旧风尚后，为便利大量观光客参访及对外联系性，许多旧式悬臂吊桥都随之拆除，而原本城门壕沟上架设之临时性木栈桥也逐渐由固定性水泥石桥取代，对原有中世纪悬臂吊桥外观，仅能由城门上端遗留收纳轮轴之洞孔来考证。

投掷角楼

除垂降栅栏及悬臂吊桥外，同样出现于中世纪末期的"投掷角楼"则是一种突出于城门正上方，外观多为方形或半圆柱形的城门防护设施。在其下方悬空面向城门通道一侧，通常凿有开孔以对逼进城门前的敌人射击、投掷石块或其他攻击物品[①]。前述位于布劳恩费尔斯城堡中，主城堡北侧城门入口处的拱门正上方，就有一座长方形投掷

---

① 过去研究文献中，投掷角楼下端开孔经常被误认用以向涌入城门之敌人泼洒热水或沥青等黏着液体使用。基于城门上方角楼空间多为狭小且不易摆设液体等加热设备等因素，这项看法在近年研究中多半认为是十九世纪浪漫主义思维盛行下对城堡防卫的凭空想象。

6-23 塞利根施塔特巴洛克水边城堡及前方悬臂吊桥。

角楼突出于墙面外（6-24）。基本上投掷角楼在战时实际防卫功效并不大，主要用于平时城门关闭时，上方戍卫人员借由角楼壁面上的开孔，对前进至城门前的人员进行询问盘查。

城墙

　　城墙是所有城堡建筑元素中最具机能性、朴素并毫无装饰的组成单元。早在罗马帝国时期，罗马人就知道将扁平状石砖以鱼刺状层叠堆砌工法方式兴建为墙，并在墙面上涂以泥灰，这种砌墙方式至今仍可在欧洲各地罗马时期遗留下的城墙或军营围墙上观察到（6-25）。虽然罗马人已于古代创造出制砖、砌墙的技术，但中世纪初期的城墙却多半仍以夯实土丘或木桩等简易建材为墙；直到十一世纪后，欧洲城堡才逐渐以石为材，利用碎石或加工切除后的方形石块建造城墙。而依据德国城堡建筑史学者葛瑞伯及葛洛斯曼的研究，平均而言，十一及十二世纪的中世纪城堡，城墙厚度为 1.5—2 米，高度最高为 5 米左右，随着军事技术进步，城墙厚度及高

6-24 位于布劳恩费尔斯城堡中，主城堡城门上方突出之投掷角楼及其下方投掷孔和外墙狭长形射击缝隙。

6-25 莱茵河左岸博帕德的罗马军营城堡角塔遗址及其鱼刺状石块墙面堆砌做法。

6-26 阿尔蔡的中世纪城墙上所遗留，由双层连续圆拱壁带所撑托之防卫走道。

度才又逐渐提高。

由设计、建材及施工等角度而言，中世纪城堡和城市城墙之间并无明显外观差异。城墙墙顶上方均设置一道由木梁、托拱石或罗马式连续圆拱壁带所支撑、突出于城墙前方或后端的"防卫走道"，以防卫敌人进攻。防卫走道宽度多数可刚好容纳两人并行交错，其顶部在面向城堡外之侧由石墙依撑外，其余部分则多为由木桩支撑之人字形或斜坡状木顶板构成，并非由坚固建材兴建。在多数中世纪城堡城墙未能完整保存下，仅能在部分原有或后来重建之中世纪城市城墙上观察类似的走道原样。位于德国莱茵黑森州阿尔蔡市（Alzey）的中世纪城墙上，迄今仍保留一段突出于城墙后方，由双层连续圆拱壁带撑托的防卫走道（6-26）。

为防范敌人来袭，多数城堡会于防卫走道前方墙顶外缘兴建锯齿状的间隔性突出物，构成"城垛城墙"。城垛城墙起源历史甚早，早在两千年前，城垛就出现于罗马帝国军事城堡中，其主要功能在于防卫者向敌人进行射击时，可借由这些块状突起之城垛作为掩蔽，保障防卫者安全。中世纪时期，城垛最普遍的设置方式就是将其盖在稍微突出于城墙墙顶外缘、公元十一到十四世纪盛行的连续圆拱壁带上。公元 1235 年，由比肯巴赫伯爵家族

模仿游戏：难以区分的
城堡城墙与城市城墙

公元十二世纪后为中世纪城堡发展的全盛期，同时也是欧洲中古城市快速兴起的时代。在当时农村、乡下地区因为劳力过剩人口大量移入城市后，新兴发展的城镇也逐渐扩大，亟需进行城池设置或扩建，以保卫百姓安全。由于统治阶级所属的建筑形式，向来为一般市民阶级所崇尚模仿，故封建贵族城堡中厚重、坚固的各种特殊城门、城塔、城墙防御设施及外形，自然成为当时城镇设计直接参考的蓝图。在采用相似外形、结构设计及建材等条件下，单凭外观实难区分眼前所见究竟是属中世纪城堡，还是同时期城墙系统的一部分。这也使得城堡设置及城市发展历史先后顺序的考证更加困难。

以十二世纪前半叶兴建于莱茵河谷右岸城镇上韦瑟尔南侧山顶上的旬恩堡，及其下方十三世纪设置的中世纪城市城墙防御系统为例，两者都就近采用当地盛产的灰色砂岩或火成片岩为材料，使外观均呈现暗灰色调。城墙及城门上也设有如同城堡一般的城垛、射击缝隙及防卫走道等防御设施，甚至以连续圆拱壁饰装饰墙垣上端（6-27）。1356年，城墙防卫系统北侧，更设置了如同城堡防卫主塔般近30米高的瞭望塔——牛塔（Ochsenturm，6-28）。

6-27 公元十三世纪初设置于上韦瑟尔城市城墙南端的税塔及下方城门。

6-28 上韦瑟尔城墙防御系统上之瞭望主塔——牛塔。

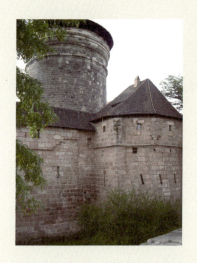

6-29 十四世纪末于纽伦堡城墙防卫系统东南侧兴建之少女门城塔及前方壕沟。

6-30 比丁根十四世纪末城墙防卫系统及全石造圆锥形城塔。

并采用莱茵河谷两岸中世纪城堡中常见之双截桶顶式主塔外形设计（如邻近之马克斯堡），显见当时市民阶级对城堡建筑的模仿热情。尤其对纽伦堡、罗腾堡等经济条件良好的帝国直属自由城市（6-29），或比丁根等由统治当地之伊森堡伯爵家族主动规划兴建的中世纪城镇（6-30）而言，在财政无虞及治理阶级意志等条件下，城内城墙、城塔等防御系统更如同帝王或高阶统治者城堡般，完全以厚重、巨型石块建造方式兴建，城墙防御系统四周再深掘干壕沟环绕，形成相当气派、壮丽之城市外貌。尤其纽伦堡的厚重城墙，及近百座城塔环绕的外观，更成为十五世纪末以后早期版画印刷书籍中最常被复制的中世纪城市印象。

（Herren von Bickenbach）在黑森州南部阿尔斯巴赫（Alsbach）兴建之比肯巴赫城堡（Burg Bickenbach）上，就仍保有这传统城垛墙（6-31）。不过随着中世纪晚期军事技术发展，城垛逐渐丧失防卫功能后，其外形也逐渐出现装饰化的情形，尤其十三世纪后，德国南部、奥地利蒂罗尔和北意大利，甚至西班牙中、南部等地，均出现由两个四分之一圆形石块相对所组成的燕尾形城垛，将原本只具防卫机能的城垛加入装饰性元素（6-32）。

城堡城墙并非只是一道每边高度和厚度等质相同的围墙，因应各边机能和需求之不同，使城墙设计有所异动，而"盾墙"就是其中最为明显的变化设计。盾墙兴建于整座城堡最易遭受攻击之侧，外观较其他部分更为高耸而宽厚。盾强的兴建主要盛行于公元 1200 年后，坐落于地势不佳的山坡型或山岬

6-31 比肯巴赫城
堡城墙及其上方城
垛及两侧角塔。

6-32 奥地利拉波
滕施泰因城堡城墙
上燕尾形城垛。

型城堡中，借此防止敌人由紧邻城堡旁突起或与其相对的山坡上，从高处向城堡内攻击。这种厚重城墙平均可高达 20 到 40 米，墙身可厚达 5 米，盾墙两侧则分别由两座城塔左右包夹，并借由位于盾墙墙顶上的防卫通道彼此相连，通道上多具有射击孔以强化防御（6-33）。位于莱茵河中游河谷的荣誉岩及施塔莱克城堡（6-34）就拥有标准单边式盾墙设计。

此外，另有"外套式盾墙"，这种城墙因城堡所处地势位置，必须转折两三次，形成如防护套般包夹城堡主体，防止敌人从城堡对面的两侧或三侧山坡上发动攻击。同样位于莱茵河谷的旬恩堡就拥有转折三段的外套式盾墙（6-35），整座由城堡下方深邃的干颈沟边筑起的盾墙，高达 40

6-33 荣誉岩城堡
盾墙上端城塔间连
通道。

6-34 施塔莱克城
堡西侧高大盾墙、
墙上狭长状射击缝
隙及后方角塔式防
卫主塔。

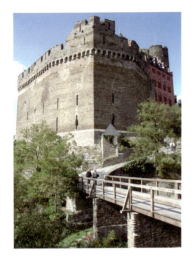

6-35 旬恩堡南侧高耸盾墙。

6-36 莱茵河河谷左岸旬恩堡下方干颈沟及其侧边逾 40 米高之盾墙。

6-37 奥尔滕贝格城堡六边形外套式盾墙及后方防卫主塔。

6-38 莱茵岩城堡外阶梯状盾墙组合（前方为困墙，后方为盾墙）。

米，突显出城堡高耸及坚不可摧之意象（6-36）。今日阿尔萨斯境内，公元 1262 至 1265 年间由神圣罗马帝国皇帝哈布斯堡的鲁道夫（Rudolf von Habsburg，1218—1291）敕令兴建的奥尔滕贝格城堡（Burg Ortenberg），更具有一道 18 米高的六边形外套式盾墙（6-37）。另外，由于峡谷陡坡地势关系，使得盾墙成为莱茵河谷两岸城堡中普遍存在的城墙建筑元素，其中最为特殊者莫过于位在圣戈尔小镇上方莱茵岩城堡的盾墙（6-38），这道公元 1300 年后兴建的盾墙不仅将前置城堡都包夹于后方，更和盾墙前方的困墙相连，形成阶梯状的盾墙组合。

　　盾墙之外，瓮城城墙则是另一种特别形式的城堡城墙。"瓮城"实为一道半圆或狭长状，由突出、延伸于城堡城门外的城墙所围绕而成的空间，用以防卫城门安全。瓮城除有其专属城门外，城墙上亦设有射击孔、城垛或防卫走道等设施。借由城堡城门及瓮城城门等内外双重城门设计，使两道城门间包夹的区域形成一块由城郭城墙所包围的半封闭空间。当敌人身陷其中，即可发挥如前置城堡中困墙的功能，将身陷其间之敌人由瓮城城墙上方向下歼灭。瓮城早在公元十一世纪就出现在中东、地中海之际的城墙建筑，这种设置在中欧城堡中虽

6-39 瑙姆堡的马林
城门及半圆形瓮城。

6-40 兰茨贝格之
瓮城城门，巴伐利
亚门。

不多见，但多数仍遗留在中世纪后期城市城墙防卫系统上。位于德国东部
萨勒河畔瑙姆堡（Naumburg）城墙防卫系统中的马林城门（Marientor，
6-39），即保留这种半圆形瓮城设计。而 1452 年于莱希河畔兰茨贝格
（Landsberg an der Lech）建立的巴伐利亚门，就是一种长方、小型瓮
城系统（6-40），整个狭长城郭最外端由两座小塔左右包夹前门，而后方真
正的城门则位在防卫城塔之下，内外城门左右两边则各由两道设有木制防卫
通道的横墙相连。

宫殿

　　宫殿是中世纪城堡中最为核心的生活空间所在，也是整座城堡中装饰、
设计最为华丽、细致，足以彰显统治者奢华及权威感的建筑元素。宫殿除提
供统治阶层平日生活起居等实际居住功能外，内部所设置的大厅更成为城堡
贵族平时接见访客、举办社交活动、宴会庆典、吟咏比赛或召开会议、做出
重要政治决策，乃至于执行其统治权之处所，同时兼具政治、社交、娱乐、
文化等功能。另外，在中世纪晚期城堡宫殿建筑中逐渐兴起，用以收藏统治

隐秘机关：
城墙上的小型防卫设计

6-41 弗里德贝格城堡防卫主塔上突出之角塔及其下端投掷孔。

防卫走道及城垛均为中世纪城墙上重要的防卫系统，但除这些明显易见的防卫设施外，城墙上多半亦存在投掷孔、射击缝隙等较不引人瞩目之小型防卫设计。"城墙投掷孔"是一种于城墙外侧上缘突出之连续圆拱壁带拱顶或托拱石间所开凿、隐藏于城垛墙后方或防卫走道地板上的垂直洞孔。这种中世纪晚期由意大利城堡逐渐发展出的防御措施，和前述突出于城门上的投掷孔一样，设置的目的都是为了防止敌人从城堡下方挖掘，或是破坏城墙墙基或架设梯子攀爬攻击，借此并向群聚于该处的敌人投掷石块或进行射击（6-41）。

"射击缝隙"为公元1200年后才逐渐出现于城墙墙身或城垛墙上之狭长形垂直缝隙，这类设施通常都隐藏、开凿于墙面后方类似壁龛的墙身中，使城堡守军能以此为防护，安全地观察敌情，以利于使用弓箭和十字弓等武器向来犯敌人还击。此外，射击孔下缘多以极为倾斜的角度贯穿墙身，借由这种极倾斜的角度，使防卫者能清楚观察城墙下端基座状况，避免敌人在此进行破坏，如此也构成中世纪城堡上射击缝隙多数呈现细窄、狭长状之外貌。诸如旬恩堡盾墙上的射击缝隙，在中世纪初期城堡上的射击孔均是以狭长形状出现。

随着火药枪炮武器广泛运用，为因应新式武器破坏力的提升，许多中世纪后期的城堡设置一种狭长状，但下方或中端部分连接圆孔的钥匙孔形射击缝隙（6-42、6-43）。这种新式射击缝隙基本上是种结合弓箭孔和枪管孔的设计，上方狭长缝隙可供弓箭射击使用，而下方圆孔则利于火药枪使用。射击缝隙后方通常亦以逐渐向左右两侧斜向扩大方式开口兴建，如此射击人员才能委身隐藏于墙身中。此外，部分射击缝隙上还有水平状缝隙供十字弓架设使用，因此由现在留存的射击孔形式，不仅可推测出城墙兴建的年代，也可洞悉守卫者在当时可供使用的防御武器。而为配合新式防御武器的使用，这些射击缝隙造型于中世纪晚期也渐变化多端，甚至转化为城墙上的醒目元素，除装饰城墙外观，亦象征性告示城堡备有新式防御武器以达震吓之效。位于莱茵河谷左岸的中世纪小镇特里希亭豪森（Trechtingshausen），其城墙防御系统上即设有当时新式钥匙形射击缝隙，其实际防御功能虽不大，却为毫无造型的城塔增添装饰元素。

6-42 弗里德贝格城堡墙面上的钥匙形射击缝隙。

6-43 由罗腾堡城市城墙防卫系统上钥匙形射击孔眺望远方罗腾堡城堡。

者藏书或宝物，并附有卧室的书房设计，更为宫殿建筑增添教育和文化传承的功能[1]。

　　整体言之，宫殿是汇集多种不同空间功能于一处的城堡建筑单元，唯其实质定义却略显复杂。这里提到的宫殿，并非公元十六世纪后盛行于欧洲，完全以居住为首要功能的文艺复兴式或巴洛克大型宫殿，而是中世纪城堡中特定一部分，作为统治者生活居住、彰显其威严的宫殿建筑。宫殿（Palast）和

---

　　① 这种于宫殿城堡卧室中附设书房的设置，及作为珍品收藏空间之功能，亦为公元十六世纪后，欧陆各文艺复兴式宫殿建筑中所规划之"珍奇室"（Wunderkammer）的空间雏形。

前述行宫同样源自拉丁文 Palatium 一词，原为古罗马城中七座小山丘之一的名称，自公元一世纪初成为古罗马帝国皇帝固定居住处所后，Palatium 一词便衍生为封建统治者居住统治之宫殿。在中世纪初期至公元十三世纪，宫殿原意指在帝王行宫、朝臣城堡、帝王城堡或大型区域性公爵城堡中，专供帝王或公爵住宿停留，并拥有宽敞接见大厅进行与政治、社交有关活动之建筑物。而作为小型地方伯爵、主教生活起居之建筑空间或其他城堡内如粮仓、马厩、厨房、澡堂、地下室等经济性建筑则不包含其中。如此亦反映出当时一般低阶伯爵因财力有限，其居住建筑形式和建材几乎与一般民宅同样朴素，彼此间并无太多区别。直至十九世纪后，伴随浪漫主义兴起，不论城堡统治者层级高低及是否作为实际生活居住使用，才将所有城堡中和维持居住、生活有关之建筑物均归类于整体性宫殿定义下。这也是因为众多早期中世纪城堡遗迹中，部分看似具有居住功能的建筑，因史料文献缺乏，无法考证其实际用途，只好将其视为广义性的宫殿一部分。

　　虽然在中世纪城堡宫殿中，并没有标准的建筑样式或内部空间设计模式，但依照近世纪以来，建筑史学者对公元十一至十三世纪间兴建的帝王行宫进行之研究，仍可大致归纳出其脉络，尤其是多达三十余座神圣罗马帝国奥托、萨利安和斯陶芬王朝时代兴建之行宫。整体而言，这些行宫宫殿外观多属长方形，高度为二至三层楼高。建筑上方除以人字形坡面为顶，部分宫殿甚至兴建在突出地面半层楼高的地下室基座上。为强化防御功能并突显城堡主人之尊贵，宫殿入口多不设在一楼，而是借由双臂形楼梯连接至二楼宫殿大门及其前方平台上（6-44）。此外，多数宫殿并沿着城堡城墙兴建，城堡礼拜堂则通常规划在宫殿侧边，并借由通道相连；至于宫殿内上下楼层则多由墙壁壁身中开凿的楼梯相通。而在宫殿内部空间用途规划上，通常一楼或地下室系作为储藏间使用，楼上空间则多是和整栋建筑长宽相同，并由

6-44 十九世纪复原之戈斯拉尔行宫宫殿（右）及其内部兴建之乌尔里希礼拜堂（左）。

6-45 伦敦塔中多廊道之宴会厅。

一排廊柱区隔成两道廊厅而成的帝王厅或骑士厅，作为外宾接见、召集会议或宴请宾客之处（6-45）。至于帝王私人寝宫及其附属办公或接待亲密友人使用之小型厅室，则亦多位处楼上空间，其内部并设有壁炉等御寒设施（6-46）。不过类似行宫宫殿实际上并非帝王城堡专利，部分帝国城堡、朝臣城堡，甚至公元十二世纪后半叶，由萨克森公爵狮子亨利（Heinrich der Löwe，约1130—1195）下令于不伦瑞克营建的当克瓦尔德罗德城堡（Burg Dankwarderode，6-47）等区域性贵族所属宫殿，亦多跟随帝王行宫宫殿的内、外观样式而规划兴建。

　　盖尔恩豪森行宫遗址应为现存原始中世纪行宫宫殿中保留最为完整的杰作之一。虽然原有二层楼的宫殿目前仅留下一楼寝室和附属厅室，及半层楼高的地下储藏室墙身、楼梯和窗廊等，二楼觐见大厅和屋顶已不复见，但整座宫殿外观及各楼层空间运用即依照前述传统行宫宫殿的规划方式所兴建。除居住和社交功能外，行宫宫殿亦是座展现统治者庄严、崇高地位的象征，最为精简方式就是在行宫宫殿饰以当时最前卫之几何、花草状等石雕柱头、壁炉或当时最流行之各种罗马式变形圆拱窗支柱。位于宫殿一楼拱门两侧的典型罗马式连续圆拱窗中，即竖立了各种不同古典"科林斯式"变形柱头，及流行于十三世纪的叶状柱头双排窗柱（6-48）。宫殿内侧墙身上更遗留一座满布编织绳结状及几何、锯齿状雕饰之壁炉遗迹（6-49）。壁炉上方导引烟雾排入烟囱的烟罩虽已消失，但由壁炉两侧遗留下之细致壁饰和石柱，即可对应原始帝王建筑的壮丽设计。另外，公元1170至1220年间，于现今德国南部内卡河中游兴建的温普芬行宫宫殿的连续圆拱窗上，除了同样出现和盖尔恩豪森相似的传统圆柱外，更保留螺旋、纽结状等各式变体石柱，搭配公元十一至十三世纪盛行之"块状柱头"（6-50）。这些不同变形柱体、编织状石雕、块状柱头及哥特式早期叶状柱头，也是当时行宫城堡中最为普及之装饰性石雕，就连朝臣城

6-46 伦敦白塔中展示的壁炉。

6-47 当克瓦尔德罗德城堡外观及入口设计，即追随十二世纪当时帝王行宫外观而规划（现为十九世纪复原）。

6-48 盖尔恩豪森行宫宫殿南侧三连拱窗及其双排窗柱。

6-49 盖尔恩豪森行宫宫殿北侧墙上壁炉遗迹。

6-50 温普芬行宫宫殿拱窗上各式罗马式变体石柱及块状柱头。

堡明岑贝格城堡宫殿中也有这类变化多端的柱头及柱体形式①。

除帝王行宫外，多数十四世纪之前的下层贵族城堡宫殿并无特定建筑模式，所属宫殿建筑就如同一般民宅，不是完全以半木造桁架屋方式兴建，就是一楼为石材、楼上部分同样由半木造方式组合成，公元 1498 年于黑森州北部诺伊施塔特（Neustadt）重建之德恩贝格城堡宫殿（Schloss Dörnberg）即采用这种混合建材工法（6-51）。基于木建材保留不易及后世改建频仍等因素，大部分城堡宫殿内部功

---

① 鉴于盖尔恩豪森行宫宫殿和明岑贝格城堡宫殿地理位置上之邻近性——两者均位于黑森州韦特劳地区——及建筑上变体石柱、植物化柱头外观及编织绳结状、锯齿状壁饰之相似性，至今多数建筑史学者认同两者装饰石雕样式系源自同一工坊，在进行完帝王行宫石雕工作后，再移往明岑贝格及前述邻近之伊尔本施塔特修道院（Kloster Ilbenstadt）进行该处建筑石雕柱饰及壁饰等工作。

6-51 由石材和半木造木格架屋（二楼）混合兴建之德恩贝格城堡宫殿。

6-52 安德纳赫主教城堡宫殿中壁炉遗迹（左）及十字形石窗和射击孔（右）。

6-53 海德堡的弗里德里希宫殿建筑及其外墙上文艺复兴式风格之长方形石窗与凉廊通道（右）。

6-54 阿尔布莱希特城堡宫殿外墙上，十五世纪末设置之德国文艺复兴初期扇形窗户。

能已难探知。至于其他完全由石材兴建的宫殿，则可借由墙壁上遗留之壁炉炉穴及壁炉上方藏于墙壁中之烟囱管，来推估宫殿废墟原有的功能。尤其对中世纪城堡贵族而言，兴建火炉或壁炉来取暖、烹饪是居住宫殿内之基本生活需求，而这些设施通常设置在宫殿大厅及卧室中。1495 年于莱茵河中游安德纳赫主教城堡中兴建之宫殿，就仍保留这些壁炉遗迹（6-52）。至于厨房中烹饪用火炉则多位于地面层，故借由壁炉的位置及样式，亦可大致判断宫殿遗迹中的楼层用途。

就宫殿建筑外观设计而言，公元十三世纪前多半为二层楼以下长方形石造、木造，甚至两种建材混合兴建的房舍为主。楼高三层以上的纯石造宫殿则在十四世纪后才逐渐成为城堡建筑主流。此外，从现存宫殿墙面所保留之窗户形式亦可推估宫殿兴建的大约时期。例如盖尔恩豪森及温普芬行宫宫殿墙面上出现之连续圆拱顶形窗户，是公元十至十三世纪罗马式时期普遍的窗户形式；而十三世纪后半叶至十五世纪末，则是以哥特式尖拱顶窗户为主。至于十五世纪末以后逐渐盛行的长方形、十字形或扇形石窗则是文艺复兴时期城堡宫殿建筑中最为普及的窗户形式（6-53、6-54）。

至于中世纪城堡宫殿内部原始壁面结构、装饰样式，则因不同时代的破坏或改建等因素而无法完整保存，尤其

城堡：中世纪贵族的保险库

公元九世纪由诺曼人奠定的"土基座城堡"，其主要功能就是战乱时作为统治者最后避难、栖身之处，自此城堡的保存和维护机能就成为建筑设计的重点。致使当时中世纪神职人员、帝王及世俗民众，都一直将城堡视为最安全、保险的居住和储存地点。这也是为何象征神圣罗马帝国统治权力的帝王皇冠、权杖、圣徒遗骸及遗物等帝国信物，于十三至十八世纪末间，先后长期保存在戈斯拉尔行宫（Pfalz Goslar）、普法尔茨林区中的三重岩帝王城堡、波希米亚境内卡尔施泰因城堡（Burg Karlstein）及纽伦堡城堡（又称皇帝堡）中，使得这几座城堡在历史上占有特殊重要地位。尤其公元1424至1794年间，帝国信物更单独长期保存于纽伦堡帝王城堡中，让纽伦堡在中世纪晚期及文艺复兴时期几乎成为神圣罗马帝国象征性首都所在。

换言之，城堡也如同一座偌大的保险库，除保障居住者生命外，举凡统治者各种大大小小奇珍异宝均典藏于此。在没有电子监控设备的年代，城堡家族只好费尽巧思，在城堡内设计各种机关。例如掌控普法尔茨林区南部的莱宁根伯爵家族就在所属的哈尔登堡中，利用厚重红色砂岩墙面间设置可左右横移石板的保险库石龛（6-55）。而帝国信物、圣徒遗骸或宗教器物等有仪式功能的物品，多置于城堡礼拜堂中，其余珍贵收藏物品则多存放于城堡中宫殿等贵族日常起居、使用之处，诸如哈尔登堡内墙中空心石龛即设置于城堡西北端的宫殿建筑内。

6-55 哈尔登堡内利用红色砂岩设置之保险库石龛及可横移之石板。

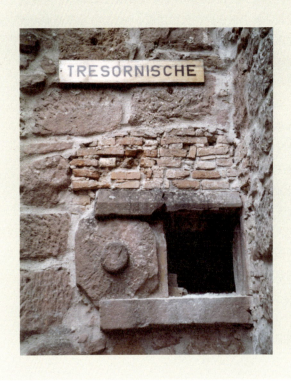

6-56 古腾堡城堡岩壁平面上的平行横梁榫接穴。

6-57 博帕德选帝侯城堡中的礼拜堂壁画。

每个时代的艺术装饰风格不同，致使前一时代内部装饰因城堡主人审美观转变在改建时随之去除。整体言之，在内部楼层建构上，宫殿内地板及屋顶大致系于水平架设一根根横梁后，再以与横梁垂直之方向铺上木板等方式构成。这种在罗马帝国时代就出现的楼层架设方式，仍可由现今遗留在许多宫殿建筑废墟石墙上，以等距间隔方式出现的正方形横梁架设孔为证（6-56）。至于室内墙面构成则多半如位于莱茵河畔小镇博帕德（Boppard）曾为特里尔大主教巴尔度因所有的选帝侯城堡（Kurfürstliche Burg）宫殿一般（6-57），于内部石墙壁面上涂抹一层泥灰，并绘上以宗教故事、植物或几何线条为主题的装饰壁画，强化建筑内部美观并提升城堡所属者之尊严感。而对于经济能力较佳之高阶或区域性贵族，则盛行于宫殿内部四周壁面铺设一层挂毯或木壁板，其上并雕刻不同装饰纹路或图案，前述位于莱茵河畔之马克斯堡宫殿即仍保留这种木壁板（6-58）。相较于纯粹泥灰墙面，木壁板除能展现居住者的财势及审美观外，更具保暖功效，让室内使用壁炉后提升之温度不易过快散失。

而自公元十五世纪起，中世纪城堡逐渐丧失军事功能并转型为宫殿建筑之际，城堡内部居住的舒适性逐渐成为城堡主人所追求的空间设置标准。自公元1450年后，由费拉拉（Ferrara）及乌尔比诺（Urbino）等意大利托斯卡纳地区众多小公国宫殿建筑中，更发展出由多种功能房间组成之"内部

6-58 马克斯堡宫殿中房间墙面挂毯装饰。

6-59 阿尔布莱希特城堡。

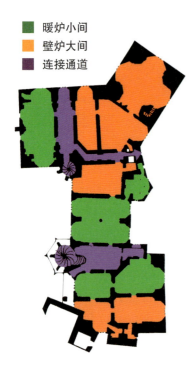

6-60 宫殿三楼中空间单位系统。

空间单位系统"（Appartement），成为十六世纪后全欧文艺复兴式宫殿建筑之标准空间设计模块。基本上，这种空间单位主要由一个拥有暖炉的小房间（Stube）和一个附有壁炉的大房间（Kammer）组成，前者主要作为办公间或书房使用，而后者则当作卧室。卧室内通常设有小型厕所设备，并只能经由书房对外与楼层内通道或其他空间相连。除大厅及内部衔接通道空间外，整座宫殿楼层就如十五世纪末重新设置的迈森阿尔布莱希特城堡一般，遍布着数组不同功能的房间组成之空间单元（6-59、6-60）。另外，在以办公书房为主的小房间中，亦可用以收藏城堡主人的各类艺术品及图书；墙壁并以湿壁画为装饰，彰显城堡主人的人文气质。而类似小房间除可作个人使用外，亦可成为接待密友之处，形成私人专属空间与城堡主人展现品味及尊荣之处。

至于十五世纪之后，城堡宫殿的外观，随着文艺复兴时期新式建筑艺术风格盛行及宫殿建筑兴起，旧有城堡宫殿向外楼层多饰以上下呈垂直轴线之长方形石窗，面向城堡中庭之侧则偏好在宫殿外部设置逐层围绕中庭的拱顶"回廊通道"，连通各楼层间的空间系统。以美因河畔奥芬巴赫（Offenbach）的伊森堡宫殿（Schloss Isenburg）为例，其内侧即由三层凉廊组成（6-61），凉廊外墙并饰有基督教美德人物像及伊森堡家族祖先盾徽

6-61 伊森堡宫殿内侧文艺复兴式凉廊及外墙浮雕。

石雕。类似凉廊外墙结合统治者家徽、基督教美德人物、圣经或统治者故事之壁画或石雕设计，是文艺复兴式回廊墙面最普遍的装饰手法，宫殿楼层间则借由左右两端旋转楼梯连通上下。除回廊通道外，城堡宫殿与内部其他建筑体间亦有以兴建独立建筑体而连接彼此之通道。在萨克森公爵狮子亨利所属之当克瓦尔德罗德城堡内，就有一座以圆拱石柱系统支撑、横跨城堡中庭的半木造桁架独立通道，以连接宫殿主体建筑，和家族进行宗教弥撒仪式之用的圣布拉修斯教堂（St. Blasius，1173—1226）。现存通道样式虽为十九世纪后依文献研究所重建，唯其密闭型外观亦显现对统治者及其家族专属性，不仅提供成员隐蔽及安全，亦能象征、展现统治者之权威及特殊性（6-62）。

礼拜堂

对生活在中世纪之贵族和平民而言，宗教在生活中扮演极为重要的角色，举凡出生、受洗、嫁娶或死亡等人生重要阶段都要在宗教仪式环境下完

6-62 当克瓦尔德罗德统治城堡中，连接宫殿主体和家族所属圣布拉修斯教堂（右侧）间之高架通道。

城堡：基督教信仰及寓意的象征

在公元十到十六世纪，欧洲中世纪城堡兴建的黄金时期，也是西方基督教发展史中，影响社会各阶层民众信仰、思想及日常生活模式最为深刻广泛的时刻。在城堡建筑与基督教信仰两者于同时达到发展巅峰之际，城堡除具有象征一般世俗统治者政治权威的意象外，更已转化、融合成为基督教寓意象征的一部分。由于城堡的历史可至少追溯至古罗马帝国建立之前，适逢早期基督教逐渐成形及教义思想逐渐以书写方式记录下的时代，故城堡所具备保卫、提供安全并能远离世俗尘嚣的象征意涵早已融入早期基督教经文中。《旧约·诗篇》第18篇及第144篇中，就提到"耶和华是我的岩石，我的山寨，我的教主，我的神，我的磐石，我所投靠的。他是我的盾牌，是拯救我的角，是我的高台"及"他是我慈爱的主，我的山寨，我的高台，我的救主，我的盾牌，是我所投靠的"等描述，而《圣经》中译本中，"山寨"一词即指"城堡"。虽然《诗篇》中近150首赞美诗主要创作于公元前六至三世纪间，文中所指城堡虽不确定是否为罗马人早期建立之军营城堡，还是其他形式具防卫功能的建筑体，但城堡因其坚固、稳定的特征，在此进而转化、比喻为对主坚定信赖及主无畏保护的宗教象征。

1529年奥古斯丁教团（Augustinerorden）修士马丁·路德（Martin Luther, 1483—1546）更写下《上主是我坚固保障》（Einfeste Burg istunser Gott）的诗文，成为新教徒在艰困之刻祝祷、吟诵之内容。虽然全诗是以赞美上帝对信徒的坚实护卫为基调，但开宗明义就明白提到"上帝是我们坚固的城堡，完善的防卫及武器"。路德在此虽将上帝比喻为一种无形的城堡，能为坚定信徒带来防卫和保障，但由此也明白彰显中世纪城堡建筑对当时神职及世俗民众的强烈感知，视同一个如上帝般最为坚固、信赖的据点。

成。加以当时基督教学说强调末日审判与天堂救赎，能否重生完全取决于现世的作为。在这样的影响下，每天定时向上帝念祷、行善或捐建宗教性建筑以荣耀上帝，就成为死后重生的保证。中世纪贵族生活在这种由虔诚宗教观主宰、影响人类生活行为及思想的时代中，本身又比一般普罗大众更有行善的能力，因此在城堡中设立礼拜堂成为必然的趋势，不仅可以就近进行祈祷以满足其执行宗教仪式的需求，过世后安葬至礼拜堂，更被视为死后获得救赎的重要条件。故礼拜堂成为中世纪城堡中不可或缺，也是唯一具宗教功能之建筑元素。

整体而言，城堡礼拜堂并无任何标准的设计模式，其规模大小完全取决于城堡内可供使用的建筑空间及城堡主人的财力。至于外观上更有所差异，其建筑本体可以小到只是一栋位在城堡宫殿中的附属空间，也可以大到和一座主教教堂同样大小，或者是位于城堡中庭内的独立建筑物。而依据在城堡中的设置位置，城堡礼拜堂基本上可分为城门礼拜堂、融合在城堡宫殿中的礼拜堂、独栋式礼拜堂、双层礼拜堂和城堡外礼拜堂等五种。但不论外形为何，城堡礼拜堂之设立可追溯到公元 768 至 805 年间，由查理曼大帝兴建于现德国西部亚琛的行宫礼拜堂。

位于亚琛行宫南边、两层楼高的礼拜堂，不只是查理曼大帝死后安葬之处，也是后来神圣罗马帝国皇帝的加冕教堂。礼拜堂一楼正十六边形回廊围绕着中间八边形的中庭，作为行宫内仆役、随从参加礼拜之用；而环绕礼拜堂中庭的八边形二楼回廊，则作为查理曼大帝及其眷属聆听弥撒之处，至今二楼回廊西端尚保留当时查理曼大帝所属座椅。不过，整座礼拜堂是以两座教堂为范本所设计的：其一是意大利拉文纳（Ravenna）地区，公元 526 至 547 年由拜占庭（东罗马帝国）主教兴建的正八边形圣维塔教堂（San Vitale，6-63），另一座则是位在耶路撒冷，传说中耶稣受难及安葬处的"圣墓教堂"。甚至原来圣维塔教堂中的大理石柱也在查理曼号令下拆运至亚琛，融合在行宫礼拜堂二楼拱廊中。将城堡和礼拜堂等宗教性建筑结合一起，原因除了基于城堡领主个人宗教虔诚及彰显个人权威外，最主要的原因莫过于证明自己身为基督教君主，拥有政权神授的合法及正统性。

自基督教在公元 380 年正式成为罗马帝国国教后，历代罗马帝国皇帝莫不以基督教君主、耶稣在尘世间的代理者自居。尤其公元 476 年西罗马帝国灭亡后，位于现在希腊和土耳其等地的东罗马帝国便成为当时欧洲唯一的基督教国家，不过帝国此时却因伊斯兰民族兴起、入侵而衰落。因此对公元八世纪于中西欧境内兴起的加洛林王朝而言，自然希望继承此一传统并以复兴罗马帝国为职志。这种将宗教建筑融入象征王权的城堡中，并沿用过去基督教帝国中

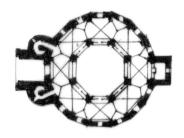
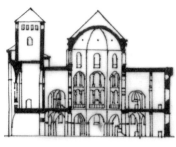

6-63 上排：德国亚琛行宫礼拜堂平面及建筑横切面。下排：意大利拉文纳圣维塔教堂平面及建筑横切面。

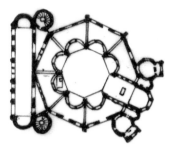

著名宗教建筑的建材或外形于新任统治者的城堡设计中，无疑是为了证明其统治权的合法、正统及悠久性。

城门礼拜堂

运用城门楼上空间作为礼拜堂使用，实为公元十二世纪后盛行于欧洲的模式。如同位于德国中部兰河沿岸布劳恩菲尔斯城堡内的主城堡一般，多数城门礼拜堂为楼高一层、附属于城门上的建筑物（6-64），其外观可由墙面所出现，盛行于中世纪的哥特式尖拱窗、玫瑰花窗或半圆柱状突出于墙面外，内部作为礼拜堂祭坛区的角楼分辨出。中世纪城堡中，将城门和礼拜堂结合、设置一起的模式主要是基于实际用途考虑。主因在于当时部分城堡宫殿就紧邻城门旁兴建，由于城堡贵族私人卧室、起居空间多数设置在地面层以上，故将礼拜堂建于城门之上，方便城堡贵族借由设立在宫殿和礼拜堂间的通道随时就近进行礼拜、祈祷等宗教仪式。而除实用因素外，将毫无防卫功能的礼拜堂设置于城门这类城堡中最易受攻击的地点更具宗教象征意涵。礼拜堂设于城门上，除希望因此借由神祇的力量增加城门防御能力外，在《新约·提摩太后书》第二节更提到，所谓"基督之忠勇战士"之概念，用以坚定及捍卫基督信仰。对众多由骑士晋升为贵族的侯爵而言，自然借此产生将自己视为基督战

6-64 布劳恩菲尔斯
城堡中的城门礼拜堂。

6-65 马尔堡宫殿南
侧翼廊中的礼拜堂及
其哥特式尖拱窗。

士的心理投射。城门上的礼拜堂不仅象征其捍卫基督信仰
的决心，也向来犯敌人展现自己为真正基督教正义之师的
意念①。

融合在城堡宫殿中的礼拜堂

由于城堡所在位置地势不一或空间狭小等天然环境
条件限制下，绝大多数中世纪城堡礼拜堂都是利用城堡
宫殿内部现有空间，或采取紧连宫殿建筑的方式设计兴
建，进而与宫殿本体融合为一。不过这些融合于城堡宫
殿中的礼拜堂，其规模和样式各有不同，差异性极大，
例如公元 1288 年黑森侯爵于马尔堡宫殿（Marburger
Schloss）中增建的礼拜堂，就犹如一座挑高的哥特式
教堂和城堡宫殿相连，成为整体Π字形宫殿中，南侧翼
廊一部分（6-65）。礼拜堂上突出之钟塔及墙面上狭长
高耸的哥特式尖拱窗，也为整座城堡添加不一样的建筑
元素。至于其他规模较小之城堡，在缺乏足够建地使用
下，只能利用既有宫殿中之空间设计作为礼拜间使用。
在前述位于莱茵河畔博帕德的特里尔主教城堡中，为克
服此一问题，礼拜堂与宫殿同时设置于城堡内防卫主
塔中的不同楼层。实际上，融合在宫殿建筑中的礼拜
堂，在外观上并不易察觉，多数如同位于城门上的礼拜
堂设计一般，只能从突出于宫殿外墙上作为礼拜堂祭坛
区使用的半圆形或方形角楼、墙面上哥特式尖拱窗或玫
瑰花窗，突显和其他宫殿区域的不同（6-66）。英国伦
敦塔内四方形的白塔（White Tower）中，整栋楼塔宫
殿建筑南侧翼廊内部，即容纳了一座十一世纪末兴建、
由当时甚为流行的罗马式石柱拱廊所环绕的圣约翰礼拜
堂（St. John's Chapel, 6-67）。在这座双层礼拜堂

① 有关城门礼拜堂设置的真实意涵，在中世纪城堡建筑
研究中向有争议，唯近年建筑史学家，诸如德国学者格雷贝及格
罗斯曼等人逐渐倾向认为，在城门上设置礼拜堂主要出发点仍以
便利性及实用机能为考量。借由礼拜堂象征性神祇力量强化城门
防卫虽符合当时中世纪宗教投射观点，但恐仍属十九世纪后对中
世纪城堡的浪漫想象。

6-66 莱茵河岸上兰施泰因城堡内礼拜堂正门及其上哥特式尖拱窗、玫瑰花窗及钟塔。

6-67 伦敦白塔中，由粗重罗马式石柱拱廊环绕之圣约翰礼拜堂内部，及东侧半圆形祭坛区。

中，其东侧半圆形祭坛区墙面即突出于正方形平面的宫殿楼塔东南端，干扰原应有正方形的城堡楼塔设计（6-68）。而法国阿尔萨斯境内，大约公元 1200 年初兴建的兰茨贝格城堡（Burg Landsberg）宫殿外墙上，前述礼拜堂外墙上应有的各类装饰特征更极尽简化，仅留下突出的半圆形角楼及其十字形采光窗户（6-69），暗示内部宗教性空间的存在。

独栋式礼拜堂

相较于城门礼拜堂及与宫殿建筑本体相连的礼拜堂，兴建于核心城堡中庭内的独栋式礼拜堂实属少见。而采用这种独立设计、兴建之概念主要源自帝王行宫内礼拜堂或受中世纪教堂建筑影响。依外观区分，独栋式礼拜堂原则上如教堂建筑般可分为长方形单廊或多廊式及正多边形几何式两种。位于莱茵河谷左岸旬恩堡的狭长、不规则状中庭内，就有一座极为简易之长方形单廊式礼拜堂，教堂墙面上除了狭长哥特式尖拱窗及等距间隔突出之扶壁外，几近极简，毫无任何装饰的泥灰外墙和城堡中其他建筑空间没有明显的外观区别（6-70）。

不过，多数独栋式礼拜堂都是采正多边形几何状平面

6-68 伦敦塔中，十一世纪末兴建之城堡塔楼——白塔，及其东南角圣约翰礼拜堂中突出之半圆形祭坛外观。

6-69 突出于兰茨贝格城堡宫殿外墙上的礼拜堂角楼（内部为祭坛区）外观。

6-70 旬恩堡中哥特式独栋礼拜堂。

兴建——尤其是公元十二至十三世纪间兴建之城堡礼拜堂，诸如莱茵河支流摩泽尔河北岸科伯恩上堡中的马蒂亚斯礼拜堂（Matthiaskapelle），即为这类型礼拜堂中经典范例（6-71）。这座公元 1220 年至 1230 年间由当地伊森堡-科伯恩骑士伯爵家族兴建，并以亚琛行宫礼拜堂为范本的建筑物，系由一座直径达 11 米宽的正八边形礼拜厅及半圆形祭坛区所组成，祭坛区中并恭奉着伯爵家族于十三世纪初，第五次十字军东征期间所取得之基督教圣徒马蒂亚斯的头骨遗骸。由于这座礼拜堂的兴建目的是为了存放圣人遗骸，而非仅作为伯爵家族个人祈祷使用，故礼拜堂的外墙及室内遍布着极尽华丽之装饰。多边形外墙上，每个侧边都展现十三世纪初流行于莱茵河下游地区的花形扇窗，及哥特式早期三叶幸运草式圆拱；礼拜厅内部六边形尖拱顶更被数个由一根主圆柱和四根细圆柱所组成、拥有花球状柱头的圆柱群支撑（6-72），可见独栋式礼拜堂造型的丰富。

　　独栋式礼拜堂兴建所需的建地面积通常较为广大、完整，其设置与否，首要端视城堡本身是否有足够空间得以兴建，又不致使城堡中庭在礼拜堂兴建后更显狭小、局限，故这种礼拜堂多出现于核心城堡内面积较广阔之平地型或顶峰型城堡中。此外，独栋式礼拜堂之兴建多有其政治性象征意涵或成为宗教性朝圣目的之构想，故其外观多为宏伟、装饰细致，甚至较城堡宫殿建筑主体更为高耸、宏伟、引人瞩目。从这些建筑宏伟的外观特色也意谓城堡主人拥有雄厚财力以进行设计施工，故独栋式礼拜堂建筑多数出现于帝王行宫、主教城堡或区域公爵城堡中。例如狮子亨利在其所属不伦瑞克宫殿城堡旁所捐建之圣布拉修斯教堂，其主体就比公爵本身宫殿建筑更为宽敞高

6-71 科伯恩上堡中的马蒂亚斯礼拜堂。

6-72 马蒂亚斯礼拜堂内部。

大，以作为公爵夫妇过世后之陵寝及宫廷内世俗、宗教人员进行日常礼拜、弥撒之用（6-73）[1]。

基于独栋式礼拜堂内部空间较为宽敞之特色，更可同时成为城堡中管理、仆役、卫戍人员等贵族之外其余成员同时进行礼拜仪式之处，进而转化成可赋予弥撒、赐福等仪式权利之教区教堂使用，发挥城堡礼拜堂、教堂多元使用最大功能。诸如位于英格尔海姆帝王行宫内，公元十世纪后兴建的大厅式单廊教堂，即拥有类似多重使用功能，虽然整体行宫于十三世纪末后即逐渐丧失其功能并成为现成采石场使用，而原有独栋式教堂却因此得以维持其教区教堂使用功能而完整保留，局部整建迄今（6-74）。

6-73 萨克森公爵狮子亨利，于十三世纪中捐建之圣布拉修斯教堂，右侧为连通公爵宫殿之密闭式凉廊通道。

———————
① 公爵宫殿长宽仅 42 × 15 米，而紧邻之圣布拉修斯教堂长宽则达 70 × 25 米，其中教堂西侧立面双塔更高达 40 米以上。相较之下，使仅具人字形屋顶之公爵行宫显得格外矮小。

6-74 英格尔海姆
行宫内，公元十世
纪兴建之单廊教堂。

6-75 亚琛行宫礼
拜堂内部正八边形
挑高空井及楼上帝
王参与宗教仪式之
栏杆回廊。

双层礼拜堂

盛行于公元十一至十三世纪间的双层礼拜堂，可视为帝王专属城堡中的建筑形式，尤其在当时神圣罗马帝国斯陶芬王朝时期兴建的帝王行宫、帝国城堡或大型区域公爵城堡中，更不乏这类礼拜堂之规划。除纽伦堡城堡中的礼拜堂、德国中部戈斯拉尔行宫内的圣乌尔里希礼拜堂等建筑系采用与行宫宫殿相连的方式设计外，多数双层礼拜堂都是以独栋形式兴建于城堡中庭内。

双层礼拜堂是一种兼具社会阶层性及集合性用途之宗教建筑物，内部空间通常如亚琛行宫礼拜堂一般，楼高两层。其中地面层供城堡中仆役、随从参加弥撒使用，二楼则为帝王贵族进行祈祷、聆听弥撒的私人专属区域。上下楼层空间则借由挑高空井相连，方便礼拜进行时位于不同楼层的参与者都能同时聆听弥撒及参加宗教仪式（6-75）。双层礼拜堂建筑外形大致可分为两种，其一是以查理曼大帝时期兴建的亚琛及奈梅亨行宫（Pfalz Nimwegen）礼拜堂为范本的八边形外观，诸如前述圣乌尔里希礼拜堂，及位于阿尔萨斯、现已摧毁的哈根瑙行宫（Pfalz Hagenau）礼拜堂。不过多数双层礼拜堂亦如纽伦堡城堡内的规划一般是座正方形建筑（6-76），礼拜堂中每个楼层均以三乘三方式区隔成九个圆拱顶跨距组成，正中央拱顶则被四根细长圆柱支撑，唯有一楼正中央拱顶区则以空井贯穿方式连通。这种正方形轮廓平面内划分为九个拱顶空间的样式，实源自十一世纪莱茵河地区主教教堂中所附属之双层礼拜堂，诸如位于美因茨主教堂北侧的戈特哈德礼拜堂（Gotthardkapelle，6-77）等。另外，由于双层礼拜堂多位于帝王专属城堡中，故内部圆柱上通常雕满各种不同古典柱头花式或寓言神兽，借此彰显帝王建筑的气派。

除正方形和八边形双层礼拜堂外，另有部分城堡中的礼拜堂是以传统长

6-76 纽伦堡城堡中双层礼拜堂（中）及前方防卫钟塔。

6-77 美因茨主教堂北侧相连之戈特哈德双层礼拜堂（及其东侧突出祭坛区）。

方形、单廊道或多廊道教堂形式而设计之双层建筑。这类双层礼拜堂并非如中世纪早期，为区分出城堡统治者和其仆役间不同社会阶级之专属使用空间而出现；大致而言，则是基于稳固哥特式建筑本身高耸、层级式结构设计所肇生。公元 1484 至 1503 年间，由马格德堡大主教恩斯特二世（Erzbischof Ernst II von Sachsen，1464—1513）于萨勒河畔哈勒（Halle an der Saale）的主教宫殿城堡莫里茨堡（Moritzburg）中兴建之抹大拉的玛利亚礼拜堂（Maria-Magdalenen-Kapelle），就是一座晚期哥特式单廊道礼拜堂（6-78、6-79）。礼拜堂中祭坛区及二楼左右侧边，均为狭窄的回廊通道所包夹、环绕，这种设计除了增加室内使用空间外，更重要的是借由二楼的回廊连接室内两侧圆柱及后方外墙，稳固室内约 15 米高的礼拜堂主体重力，并加强两侧圆柱承载上方，哥特式晚期厚重"网状石拱顶"的支撑力。

城堡外礼拜堂

对领土范围狭小或统领丘陵、山谷等地势崎岖、狭隘之处的地方性伯爵和骑士家族而言，由于城堡腹地有限，去除宫殿、城塔及其他重要经济用途建筑用地后，实在缺乏足够空间在内部兴建宽敞并能彰显其财势和统治权威之专属礼拜堂。因此将礼拜堂设置在城堡外，或捐建成为统治所在地教区教堂的共享方式，就成为绝佳选择。

公元十五世纪初，德国陶努斯山区的埃普施泰因伯爵家族（Herren von Eppstein），便在家族城堡下方山谷中设置一座晚期哥特山谷教堂（Talkirche，6-80），教堂除了作为伯爵家族进行礼拜及过世后安葬家族中

6-78 莫里茨堡中的抹大拉的玛利亚礼拜堂之双层结构设计及二楼回廊。

先人的陵寝教堂外，更成为城堡所在地埃普施泰因内市民平时行宗教礼拜仪式之聚会所。在类似统治者与百姓阶层共用的教堂空间中，内部均设有不同出入口，以确保统治者隐私及人身安全，并展显崇高、与众不同之社会地位。

而德国西南部纳尔河中游小镇伊达尔-奥伯施泰因（Idar-Oberstein）的岩山教堂（Felsenkirche），亦属设置于城堡外的宗教空间设计，该座教堂为公元 1482 至 1484 年间由治理当地的道恩-奥伯施泰因（Daun-Oberstein）骑士家族中的魏里希四世（Wyrich IV，约 1415—1501）紧依当地北侧垂直峭壁下方出资捐建[1]，教堂内部空间不仅一半为利用天然岩壁凹穴兴建而成，南侧壁体则以当时盛行之哥特式尖拱窗样式设计。岩壁上方百余米处则矗立着骑士家族于十二世纪末所兴建的博塞尔施泰因城堡（Burg

---

① 奥伯施泰因骑士家族历史可追溯至公元 1075 年，当时家族即居住在现址岩山教堂前身之岩穴型城堡中，直到十二世纪末位于岩壁上方的博塞尔施泰因家族城堡兴建完工后才搬离现址。而现存之岩山教堂亦于十五世纪末利用原有岩穴城堡地基兴建完成。

6-79 莫里茨堡东侧的抹大拉的玛利亚礼拜堂（左）及其十六世纪新式前方圆形炮塔（右）。

6-80 埃普施泰因城堡（左上）及其下方山谷教堂。

Bosselstein），形成当地特殊地标（6-81、6-82）。由于该座城堡属狭长的山岬型城堡，除城堡宫殿及位处山岬顶端的防卫主塔外，实无多余空间再设置礼拜堂，只能将具宗教功能的建筑设置于核心城堡外，如此也可避免原本面积就已狭小的城堡因防御功能较低的宗教性建筑设置，弱化整体防卫能力。

6-81 位于伊达尔-奥伯施泰因之岩山教堂及其岩壁上方柏森斯坦城堡。

6-82 岩山教堂内部紧靠天然崖壁设置之祭坛及上方管风琴。

城塔

耸立于城堡主体或城墙之上的城塔，向来为中世纪城堡内最受瞩目的建筑单元。城塔外观虽各有不同，但依其外形及功能，大体可分为四类：城堡主塔、楼塔、回旋楼梯塔，及大多与城墙防卫系统相结合的角塔。由于城堡中通常包含数个城塔设置，借由这些形状与功能各异但又彼此结合一起的城塔建筑群组，更使中世纪城堡给予后世浪漫、发人向往之印象（6-83）。

城堡主塔（防卫主塔）

不论城堡规模大小及所在位置，高大、耸立的城堡主塔向来是探索城堡建筑时映入眼帘的首要印象。城堡主塔是公元十一世纪后才逐渐成为城堡中必要的建筑元素，塔身不仅较城堡中所有建筑体或其余城塔更为高耸，多数并设置在最易遭受攻击之侧。其主要功能在于平时作为瞭望守卫、战时防御，甚至成为城堡被突破后，城堡主人最后避难之处。基于其防卫为首的功能，主塔入口泰半设置在一楼以上或城墙上防卫走道的高度，借由可随时破坏、丢弃之木梯、栈桥或绳索对外联系（6-84）。实际上，十一世纪前的城堡已具有类似功能之主塔，唯当时城塔主要以木材或土堆夯实兴建而成，保存不易，故多数这时期的主塔现仅能从田野考古上发现的宽厚墙体地基证明其存在。

城堡主塔是一座高大、墙身深厚的建筑，其平均高度在 20 到 30 米之间，城塔直径或宽度多为 10 米，墙身厚度则达 2 至 3 米。此外，为承受主塔基座上方厚重的墙身重量，故塔基宽度又约略大于主塔本身。在外观上，城堡主塔顶端多为由城垛墙或突出之防卫走道形成的瞭望平台，及其他不同样式的角楼

所组成。至于内部多为三至五层楼高，由石造拱顶或木结构横梁上下间隔而成狭小空间，靠着宽厚墙身中开凿之窄小回旋楼梯上下通连。防卫主塔并无居住功能，为因应轮流守卫人员之需，主塔上方楼层空间多会作为卫戍者暂时休息处间，内部并附有小型壁炉等设施。整座主塔除上端可利用空间外，其余城塔中楼层几乎毫无采光，而成为幽暗的空间。

　　除卫戍、储藏甚至作为监狱等实际功能外，防卫主塔并具有展现城堡家族统治权威、政权正统性、合法性等的政治象征功能。由于主塔外观多为高大、厚重，并突出所有城堡及其所在聚落中所有建筑体之上，故长久以来形塑出当地民众对城堡贵族权位高上、牢不可破之印象，这也是为何在统治者的家族徽章、印信甚至流通货币上，时常可以见到城堡主塔的图案之因。而随着军事科技发展及城堡居住者对居住品质要求的提升，当诸多城堡中旧有防卫建筑或宫殿不断被拆除、重建或改建之刻，城堡主塔正因其具有政治象征性功能，不仅未被拆除，反而不断增高。例如温普芬行宫东侧防卫主塔——红塔（Roter Turm），就在十四世纪先后两次增建，并可由外墙上显现三段不同建筑石材及颜色证明（6-85）。

6-85 温普芬行宫东侧防卫主塔——红塔。

城塔：迫害与酷刑的舞台

城塔因其坚固及密闭性的构造，在中世纪晚期逐渐丧失原有军事防御功能后，内部空间也因其严密特质，逐渐改为监狱或地牢使用，以囚禁罪犯、政敌或传说中的女巫等。因此部分城塔亦逐渐拥有"巫婆塔""窃贼塔""饥饿塔""罪恶塔"或"监狱塔"等类似称呼。诸如马尔堡宫殿中的圆形炮塔或伊德施泰因城堡中的主塔，均冠有巫婆塔的别称。而十四世纪中兴建的米歇尔施塔特城堡（Burg Michelstadt）旁亦紧邻设置一座名为窃贼塔的防御城塔（6-86）。不过在实际作为监狱使用功能上，将罪犯关入城堡城塔中，也等于将犯人置入与城堡贵族所处相同的生活空间，反而增加统治者生命安危。故实际上多数罪犯并非关在城堡的城塔中或建筑的地下室内，而是禁锢于城堡外、中世纪城市城墙上的城塔空间中，例如梅明根（Memmingen）、格林贝格（Grünberg）等城墙上均有名为巫婆塔的设置（6-87、6-88）。而真正被直接囚禁于城堡城塔者，多数为具有重要身份之贵族或政敌，借此作为政治谈判筹码或赎金取得来源。中世纪时期最知名案例即为英王狮心理查于1193年在第三次十字军东征结束北返期间，为其政敌——神圣罗马帝国皇帝海因里希六世——俘虏囚禁于三重岩帝王城堡中，一年后才因支付赎金获释。

虽然部分中世纪城塔曾作为监狱使用，甚至于公元十五世纪后成为

6-86 紧邻米歇尔施塔特城堡兴建之窃贼塔（左）。

欧洲猎巫时期囚禁女巫之处，但这些城塔内部的实际功能、设置样貌为何，多半已无法考究，增添其神秘感。尤其位于主塔地面层下方、仅靠地下室拱顶上端圆孔对外联系的阴暗狭小空间，在过去一直被视为中世纪关藏人犯的地牢，甚至将连接上下的圆孔称为"惊恐洞"。这类空间在文献中虽无法考证真实性，但自十九世纪随着浪漫主义兴起，对城塔这类城堡中神秘地点传说、穿凿附会想象兴起，因此转化为惨无人道、实施酷刑的迫害地点。而上述如巫婆塔、窃贼塔或饥饿塔等名称，多半也是这时在后人的想象下添增，至于现今冠有巫婆塔称呼的城塔是否实际曾作为监禁被怀疑为女巫的中世纪妇女之处，则尚需研究确认。

6-87 梅明根中世纪城墙防卫系统中之巫婆塔。

6-88 格林贝格中世纪城墙防卫系统中之巫婆塔。

此外，许多中世纪城堡家族因无男性后代子嗣继承而断绝，但每当新的继承者在取得过往家族城堡后，往往会刻意将旧有城堡主塔完整保存并融入新的城堡建筑中，其目的莫过于借着保留原有城堡主塔，展现新任城堡家族在当地统治权一脉相承的正统性。十七世纪初，美因茨主教下令重建阿沙芬堡宫殿时，即刻意保存当地原有中世纪城堡主塔，并融合于新式文艺复兴宫殿建筑中（6-89），其目的即在展现主教于当地长久统治之历史正统性。因此，多数城堡主塔成为现存遗留之中世纪城堡建筑中，年代最为悠久的建筑物——尤其主塔基座部分。

防卫主塔多数设置在城堡中最易遭逢攻击之侧的城墙后方，而部分主塔则采取如城塔般和城墙或盾墙相连的方式兴建。位于德国西林山区赛恩堡内的主塔不只和城墙融为一体，更以菱形设置方式将主塔一角突出于城墙外，以增加城墙防御力，避免敌人对墙基进行破坏（6-90）。相对平地型和山顶型城堡而言，由于各边遭受攻击的危险程度相同，故主塔多设置于城堡中央。至于明岑贝格城堡和温普芬行宫则是在城堡内设立两座主塔，用以分别捍卫城堡东西两端。

大致而言，主塔外形多以方形或圆形为主，而其中公元十一、十二世纪时期，主塔多以正方形为主；十三世纪后兴建的主塔则偏好圆柱形，如此演

6-89 融合于阿沙芬堡文艺复兴式新宫殿城堡中的旧有中世纪城堡主塔。

6-90 赛恩堡城墙式城门及左侧防卫主塔。

20 März 16
LuYenLu

Burg Steinsberg

6-91 石山城堡的八边形防
卫主塔。

6-92 荣誉岩城堡东侧盾
墙及其两侧包夹式城塔。

变也反映当时城堡防卫观念的改变，认为无死角的圆塔在
防御时较方塔更为卓越。除这两种形状外，更有例如位于
莱茵河谷水面上，普法尔茨伯爵岩税堡中的五边形防卫主
塔，或德国内卡河流域，石山城堡（Burg Steinsberg）
内的正八边形主塔（6-91）等少数几何状主塔外观。而
在所有主塔外形设计中最为特殊者，应属连接盾墙或短高
墙左右两端的双塔式主塔，矗立于莱茵河谷山坡上的荣誉
岩城堡即为典型案例（6-92）。

造型变化多元的塔顶设计是城堡主塔中最受瞩目之
建筑构成元素。除公元十四世纪前毫无装饰或单纯、无
屋顶结构的露天塔顶平台外，后来的主塔顶端几乎均
设计有"几何状"木结构屋顶。而这类屋顶样式通常
取决于主塔外形：圆形主塔多具有圆锥形或趋近圆形之
正多边形锥状屋顶（6-93）；方形主塔则以搭配金字
塔形、四边坡形及人字形屋顶为主要塔顶收尾设计方
式（6-94）。另外，现今部分中世纪城塔上所见，由洋
葱状或S形弧线状屋顶及顶端圆柱形、透空状采光塔
（Laterne）所组成之屋顶类型，则多属十七世纪后重建

6-93 圆形主塔多具有圆锥形或趋近圆形之正多边形锥状屋顶。

6-94 方形主塔以搭配金字塔形、四边坡形及人字形屋顶为主要设计。

6-95、6-96 洋葱状或S形弧线状屋顶，多属十七世纪后重建之巴洛克式屋顶。

之巴洛克式屋顶（6-95、6-96）。不过除上述单纯几何式主塔屋顶设计外，主塔上端塔顶整体外形还可分为宽顶窄身式、角塔式、双截桶顶式、石锥顶式等四种。

·宽顶窄身式主塔

意指主塔细长塔身上端撑托着比塔座更为宽大、突出之塔顶建筑，以赋予塔顶更为宽敞的空间供卫戍人员使用。这种头重脚轻、违反建筑力学的外貌也给予城堡崇高威严之感。以纽伦堡城堡主塔为例，十六世纪后改建的辛威尔塔（Sinwellturm）塔顶即具有逐渐向外突出之顶座，承担上方双层瞭望台及防卫走道（6-97）。而美因茨主教所属之施泰因海姆城堡（Burg Steinheim）主塔也有相似头重脚轻之外观设计（6-98）。塔顶不只被四个向外突出之角塔围绕，并以完全石造圆锥头为顶。上下两层趋近一比一的楼层，更由环绕塔身的罗马式连续圆拱形壁饰彼此区隔。

·角塔式主塔

是于塔顶四周设置向外突出、悬空之角塔，作为防御及瞭望之用。这些盛行于十四世纪后，通常仅容一人藏身的角塔各自拥有尖锥形屋顶，和主塔本身高大屋顶搭配下，为中世纪城堡带来壮丽的屋顶群组景观及对城堡主人富裕奢华的想象。而角塔中的地板上，通常都会预留防卫投掷孔，但实际上这些洞孔并无太多功效，只能借此彰显城堡安全性及牢不

6-97 纽伦堡城堡中防卫主塔——辛威尔塔。

6-98 施泰因海姆城堡主塔及其四座突出之石造角塔。

6-99 迪茨宫殿城堡中的角塔式防卫主塔。

6-100 德恩贝格宫殿城堡中木结构营造之角塔式防卫主塔。

可破之印象。德国兰河中游的迪茨宫殿内即矗立一座属于基本样式之角塔式主塔，唯其四个六边形角塔并未完全突出于墙外，而是坐落于方形主塔四个塔角上，并与主塔塔顶铺设相同的片岩铺面（6-99）。而前述位于阿沙芬堡宫殿内的方形旧城堡主塔，在改建为文艺复兴样式城塔之前，原有略微突出于主塔墙身四个角落的八边形角塔，就各冠以八角锥形屋顶收尾，与高耸的四边坡主屋顶形成多元设计外观，而现有的角塔则为十九世纪后复原之样式。

除方形主塔外，角塔式主塔也出现在圆形主塔上，位于黑森州北部诺伊施塔特中，德恩贝格宫殿城堡的圆形容克–汉森主塔（Junker-Hansen-Turm）就有着四座圆形半木造角塔。这座主塔兴建于公元 1480 年，基座为石块，塔身以木结构卡榫而成，是中欧现存最古老之木结构城堡主塔（6-100）。而莱茵河畔施塔莱克城堡中的圆形主塔则如同迪茨宫殿城堡中的方形主塔般，将四个角塔完全围绕、设置在圆锥状主塔屋顶四周，形成角塔和主塔屋顶共同架构在单一木结构屋顶上的样式，两者塔顶并同样以当地盛产之深灰色片岩铺面。

·双截桶顶式主塔

是公元十四世纪后盛行于莱茵河河谷、陶努斯山及黑森州南部之区域性城堡主塔及城市防卫系统设计形式。主塔本身是由两截不同直径之圆柱形塔身，以下粗上窄方式相叠兴建而成，位于陶努斯山区伊德施泰因城堡中的主塔（巫婆塔），就是座基本样式的桶顶式主塔（6-101）。至于弗里德贝格城堡中高达 54 米的亚道夫塔（Adolfsturm，6-102），应属所有桶顶式主塔中最为壮丽的设计范例。公元 1347 年拿骚伯爵阿道夫（Graf Adolf von Nassau，1307—1370）在与其统治地相邻之弗里德贝格城主（Friedberger

6-101 伊德施泰因城堡中桶顶式
防卫主塔——巫婆塔。

6-102 弗里德贝格城堡中防卫主塔及塔上四面突出之角塔。

6-103 克龙贝格城堡内部矩形截面之双截式防卫主塔。

6-104 马克斯堡的主塔以方形塔身结合圆形塔顶。

Burgmannen）间的领土争夺中被掳，经偿付大笔赎金后才获释，而城堡伯爵利用这笔赎金所兴建的阿道夫塔，除了拥有两层圆柱造型外，塔身上更结合四个完全石造悬空的角塔，就连角塔和主塔上圆锥形屋顶也全由石块堆砌而成，而作为防卫平台使用的圆柱塔顶周遭更环绕着城垛及射击孔。除桶顶式主塔外，在同一区域亦存在少数上下两截不同矩形截面形成之双截式主塔，唯其现存代表建筑数量不多，仅能视为桶顶式主塔的子类型。同样位于陶努斯山区克龙贝格城堡（Burg Kronberg）中，公元 1500 年左右兴建的防卫主塔就属于这种形式（6-103）。另外，莱茵河左岸马克斯堡的主塔更为现存中世纪桶顶式主塔中，唯一以方形塔身结合圆形塔顶的样式（6-104），这种上圆下方的混合主塔外形，更启发十九世纪新天鹅堡及近代迪士尼乐园城堡中主塔的设计。同时，这也显现出该类双截式主塔的外形多元，在中世纪时期的莱茵河河谷左岸及黑森地区，颇为盛行。

·石锥顶式

　　和桶顶式主塔一样都属于区域性城堡主塔设计形式，而这种样式主要分布于公元 1050 年后，现今德国东部萨勒河（Saale）和埃尔斯特河（Elster）流域间的中世纪城堡。唯其样式和双截桶顶式主塔相比显得较为单一，只是在圆形或方形主塔塔顶上又设立一个完全石砌而成的圆形或正多边形尖锥塔顶。由迈森边境伯爵家族（Markgrafen von Meissen）于十二世纪在萨勒河畔兴建的萨雷克城堡（Burg Saaleck）和瑙姆堡主教（Bischof von Naumburg）紧邻兴建之鲁德尔斯堡（Rudelsburg，6-105）中，就分别在其圆形和方形主塔上端砌着尖锥状石造塔顶。石锥顶状塔顶在城塔设计中虽不常见，其造型主要应源自中世纪盛期哥特式教堂中，完全石造之教堂尖塔外形。但这类看似厚重的石锥形塔顶，于十五世纪后期却逐渐为中世纪末期新兴城市防御系统所采用（6-106）。其中尤以位于韦特劳谷地东南侧比丁根城墙防御系统最为饶富特色。自十四世纪初，比丁根市镇就成为伊森堡伯爵家族统治地，1490 至 1503 年间，伯爵路德维希二世（Ludwig II von Ysenburg，1461—1511）为重新规划、掌控沿比丁根宫殿城堡西侧逐渐发展出同名市镇，遂兴建几近矩形平面之城墙防卫系统。整座由巨型红色砂岩兴建完工之城墙，包含十五座新式低矮圆形炮塔，以及一座双塔式城门——耶路撒冷门；所有塔顶上均设置了厚重、高耸之圆锥状塔顶，而城门双塔塔顶上更设置了造型奇特、略微低矮之圆盾顶形锥塔面（6-107）。

楼塔

楼塔系外观形似城堡主塔，但却结合主塔防御功能及城堡宫殿居住功能

6-105 鲁德尔斯堡内石锥顶式主塔。

6-106 黑森州中部塞利根施塔特，现存中世纪城墙系统内的防卫城塔，及其上多边形砖造角锥塔顶。

于一身的建筑单元，也是中世纪初期至公元十三世纪之前，城堡中居住及防御功能建筑物尚未分离设置之际，普遍盛行于欧洲城堡中的混合型功能建筑。由于楼塔和城堡主塔一般多数具有三至五层楼高的圆柱或长方柱体外形，通常亦为城堡中最高之建筑物，并肩负主塔防卫功能，因此外观上很难与一般主塔明显区别。唯两者间的明显差异在于：楼塔以居住功能为主，塔中每个楼层内

6-107 比丁根中世纪城墙防城塔上圆锥状尖顶（右），及耶路撒冷门双塔上圆盾顶形锥塔（左）。

都设有壁炉，使长年居住者有稳定取暖之源，而主塔只有在最顶端楼层内附有壁炉，供守卫人员使用。另外，为提升内部宽敞居住性，因此楼塔壁身多较主塔薄，楼层间均开有窗户增加内部采光；反观主塔外墙除入口外，几乎没有设置窗户。至于楼塔内部空间使用、规划和一般城堡宫殿类似，除配有大厅、卧室、礼拜堂，甚至厨房等空间，墙上亦布满各式装饰壁画。

　　楼塔属于中世纪贵族最为原始的居住建筑空间形式之一，虽然现存最早的城堡楼塔遗址只能追溯至十一世纪初，但诸多九至十二世纪间的城堡或贵族在城市中的住所都是以楼塔形式兴建。对众多低阶层贵族而言，这时期的城堡多是一座由土墙或壕沟所包围、建立在人造土丘上的楼塔所组成，所有不同使用功能的空间都聚集在这三至五层楼的建筑中。莱茵河畔海德斯海姆（Heidesheim）小镇内十二世纪兴建的温德克城堡（Burg Windeck），就完整保存了这种早期的楼塔形式（6-108）。而楼塔亦属平地型城堡中常见的建筑样式，诸多十三世纪后在莱茵河畔兴建的主教城堡都保存这种建筑或相似的外观设计。美因茨主教所属埃尔特维勒城堡中（6-109），四方形楼塔不仅有四个角塔悬空在高塔四端，整个顶层部分更借由环绕楼塔四周的圆拱带撑托，并略微突出塔身之外。类似楼塔结合角塔的形式也同样出现在莱茵河畔安德纳赫（Andernach）、博帕德（Boppard，6-110）主教城堡及马克斯堡中。另外，在十六世纪城堡宫殿化过程中，许多于中世纪初期兴建的城堡楼塔，基

6-108 温德克城堡内白色楼塔。

6-109 埃尔特维勒主教城堡中角塔式楼塔及下方城堡花园。

Château de Gisors

6-110 博帕德主教
城堡中角塔式楼塔。

6-111 法国吉索尔
城堡中厚重楼塔。

于其悠久历史及政治上象征之正统性意涵，而被刻意保留，融合到新建城堡中，成为文艺复兴式城堡宫殿中的一部分。

城堡楼塔这种建筑类型虽然遍及欧洲地区，但其外形、名称却因地而异，尤其十一至十二世纪出现于法国西北部及英格兰地区的楼塔，在法国称为Donjon，英国则称之Keep，其所指均为中世纪初期人工土基座城堡上的居住空间。和中欧地区以正方形平面为主的楼塔相比，前述地区多半呈现长方形或多边形样式，内部空间不仅更为宽敞，壁身也更为厚重——因其多半位于当时英、法两国长期争夺的诺曼底、布列塔尼及英格兰南部等地区。虽英、法两国中世纪楼塔实际上也以居住功能为主，但楼塔四端多半又增建圆形或方形角塔，并借由一道高耸石造城墙环绕，形塑出比中欧传统窄身楼塔样式更强调防御机能的外观，使其看似更像城堡主塔。诸如十一世纪末兴建于诺曼底地区的吉索尔城堡（Château de Gisors，6-111）或同时期于伦敦塔中设置的白塔，均属早期英、法两地特有的楼塔式样。

回旋楼梯塔

公元十四世纪之前，不论城塔或宫殿，其内部楼层的上下连通，主要都是借由隐蔽在建筑物中的四边形回转式木梯（6-112），或在厚重墙壁中开凿的螺旋式回旋楼梯。当时虽有部分城堡开始于建筑物侧边兴建回旋楼梯塔，但基于防卫安全，这些早期城堡的梯塔不仅并未特别突出于其他城堡建筑之上，塔身设计亦从未考量开设较多窗户使塔内获得足够采光。整个楼梯均包围在墙身中，外观上无法明显察觉内部楼梯的存在。直到中世纪晚期，当楼梯不再有防御上隐蔽需要后，许多城堡、宫殿中新设置的回旋楼梯塔不仅比其所连通之宫殿建筑还要高，塔身上更开设了足以引入大量采光，照亮整座楼梯塔内部的大型窗户，如莫里兹主教城堡内部的东侧楼梯塔（6-113）。

6-112 明岑贝格城堡防卫主塔中复原之回旋木梯。

6-113 莫里兹堡中回旋楼梯塔（左）及外墙上北方文艺复兴式扇形窗户。

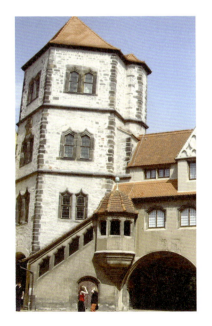

时至十六世纪初文艺复兴之后，城堡贵族由连接寝室、起居间楼梯塔上方徐徐回转而下，接宾客或部属的过程，更被视为权威者优雅展示其统治权威的象征，因此多数帝王或公爵纷纷在宫殿中庭内侧兴建具文艺复兴风格的高耸楼梯塔。正如法国国王弗朗索瓦一世（François I，1494—1547）于十六世纪初在卢瓦尔河旁布卢瓦宫殿中兴建的回旋梯塔一般（6-114），回旋楼梯不仅突出于宫殿侧面，整座具有文艺复兴风格装饰的石造栏杆更加美化梯塔外观，并以类似凉廊通道般完全透空、毫无墙壁或开凿装饰性窗户的设计方式，使观者在塔外远处就可看见君主威风凛凛的行进过程，将梯塔原本单纯的实用性功能转化为政治象征性及装饰性功能。而类似设计更于十六世纪上半叶由法国传入当时神圣罗马帝国境内，位于现迈森阿尔布莱希特城堡中庭内的回旋楼梯塔（1471—1524）即是这种新式建筑象征概念散布至帝国境内的早期例证（6-115）。

城墙角塔

除上述各类型具特殊用途或象征意义的城塔外，多数中世纪城堡都设置众多兴建于城墙或其他建筑侧边，单纯以防卫用途为主的城墙塔或角塔。比如位于黑森州南部的比肯巴赫城堡，或菲尔斯特瑙宫殿城堡（6-116）中的城墙角塔，这些犹如人体关节般的城塔多数竖立在城墙转折处或四边形平地城堡中的四个端点，以连接塔身两侧的城墙或城堡建筑。和城堡主塔相比，该类城塔不仅低矮、毫无装饰，塔身通常只略微高出比邻相连的城墙或其他城堡中建筑物。而这种角塔设计亦沿用在中世纪城镇中的城墙防卫系统上（6-117）。

凸窗／角窗

凸窗基本上并非属中世纪城堡中主要建筑空间单元。其中译名虽称之为"窗"，但实际本义并非指墙面上的窗户，而是建筑外墙上向外悬空、突出的附属、额外空间量体。由于其外侧通常以开孔窗户为装饰，多数案例中并形

6-114 布卢瓦宫殿中的回旋梯塔。

6-115 德国迈森阿尔布莱希特城堡中庭内的回旋楼梯塔。

6-116 菲尔斯特瑙宫殿城堡中的城墙角塔，犹如人体关节般竖立在城墙转折处。

6-117 法国卡卡颂中世纪城镇城墙防卫系统上之角塔群组。

成城堡外墙上少数醒目之建筑装饰构造。

　　凸窗主要功能是作为其后方相连室内空间之附增单元，以扩展房间内可使用的楼层面积。虽然凸窗的设计及运用亦出现在中世纪晚期教堂、民宅和其他公共建筑中，然而，中世纪多数的城堡属小形态，内部可使用之空间有限，因此凸窗这种可扩增原有空间、延伸平面容积的特性对城堡建筑就显格外重要。其次，凸窗在城堡建筑上——尤其在城堡宫殿或礼拜堂墙面——多以其造型多变的窗户形式及窗框雕刻，创造出具装饰墙面并达成建筑立面结构化的美观效果，在通常因防卫需求而毫无装饰的灰泥墙面或石砖砌面上形成亮点，将原先以着重使用机能为主的城堡建筑，转化为能同时展现当时石匠巧思及艺术风格的装饰性建筑（6-118）。

　　凸窗所在的位置，亦可成为由建筑立面外观分析城堡内部机能的指引工具。由于凸窗以其三面或多面突出于建筑墙面上的特性，通常能为内部空间带来更多光源及阳光热源，相较其他多半幽暗的城堡建筑更能提升居住的生活便利性，因而凸窗多半位于城堡统治者书房、起居室，或以强调统治者权威、庄严性，用以集会或接见外宾使用的宫殿大厅建筑。而一座城堡中通常也可具备数个以上的凸窗，散布在城堡各边或特别集中在单一侧面。由于这些凸窗可能在不同时期陆续兴建，加上各时期装饰风格不一，因此部分城堡同侧的墙面，偶尔会出现外观及风格不同的多种凸窗设计散布在各楼层间。如此看似杂乱、毫无一统性的集结方式，更为城堡带来另一种多元、丰富的美感。这种多样散布、自然而非人为刻意统一的设计，在十九世纪初浪漫主义思潮下，成为可比拟自然天成并广受欢迎之城堡外观样式（6-119）。

6-118 比丁根城堡城门上之文艺
复兴式箱型凸窗。

凸窗在城堡建筑中的应用，最早可追溯至十三世纪。在当时城堡建筑中，类似设计即广泛运用，作为城堡礼拜堂中的祭坛区部分或突出于城门、城塔上方的防卫投掷口。中世纪晚期及十五世纪后，具文艺复兴式装饰风格的凸窗更大幅应用在城堡中的宫殿、接见大厅等其他以居住功能为主的建筑上，并逐渐转化为城堡及宫殿建筑中最具装饰风采的建筑单元。同一时期，凸窗的设计也逐步由城堡建筑广泛拓展到小型或乡间教堂、礼拜堂、半木造桁架屋，甚至一般民宅建筑上。

凸窗外形甚为多元，由箱型、多边体型到半圆体型皆有，其中尤以箱型设计之凸窗最为风行，多边体或半圆体样式则多数出现于礼拜堂中的祭坛区外墙上。而其突出于空中的壁体下端通常为数个"枕梁"所支撑或以逐渐向下收缩方式，依附在单一枕梁或形似柱头侧面之"挑檐部"上。这些枕梁前端或侧边通常多以人物花饰等图像、S 状窝形饰或建筑"楣梁线"、反波纹线脚为装饰。以公元十五世纪重建，巴伐利亚公爵家族位于施瓦本地区（Schwaben）的弗里德贝格宫殿（Schloss Friedberg，约 1541—1567）为例，其城堡中庭东侧厢房墙面，即设有两层楼高的德国文艺复兴早期样式凸窗，凸窗正面两端均为凸壁柱包夹，柱上并饰有玫瑰及菱形等图案，二楼凸窗下方女儿墙面更由简化的连续圆拱壁柱浮雕所装饰，凸窗下方并收座在由楣梁线及反波纹线脚组成的挑檐部上（6-120）。整座建筑虽名之为宫殿，但整体设计及建筑各

6-120 弗里德贝格宫殿城堡中庭东侧翼廊墙面上的北方早期文艺复兴式凸窗。

6-121 上巴伐利亚地区威利巴尔德城堡主城门右侧十六世纪晚期八边形体凸窗。

部样貌仍接近中世纪晚期城堡样式及配置，为城堡建筑过渡至宫殿建筑期间，精美的凸窗设计案例。

在宫殿及接见大厅等以居住、生活机能为主的城堡建筑体上，凸窗除了平行突出于建筑外墙上，亦可斜向兴建在建筑墙角，以获取最佳视野及室内光源。此种以多边体或 45 度斜置于墙角之设计外观，多半并构成城堡建筑本体上引人瞩目的建筑单元，同时成为展现城堡主人华丽威严的地位象征。在德国上巴伐利亚地区的威利巴尔德城堡中，主城门入口右侧仍保有一座十六世纪晚期兴建、高达三层楼的八边形体凸窗悬空于墙角（6-121）。由于整座城堡盘踞在艾希施泰特西南侧山顶上，其面向城内的墙角凸窗设计，让由主教所统治的艾希施泰特居民，从远处就能向上仰望。凸窗主体矗立在建筑挑檐部上，其下层具有钥匙形的射击孔，除了用以防卫城门入口外，更展现主教城堡牢不可破之印象。

凸窗形式主要可分为两种，一种是高悬于建筑主体墙面上，另一种是直立型凸窗。相较之下，主要差异在于落地、直立型凸窗从地面楼层起即突出于建筑体外，并可达整座建筑的高度。这类型凸窗在城堡建筑发展过程中属相当晚近才奠定的建筑元素，主要出现于十六世纪后，可视为中欧防御型城堡过渡至宫殿型城堡时期之设计。盛行区域主要在中欧中北部的平地型城堡集中区内，约包括现今德国黑森州、威悉河流域、莱茵河下游至丹麦、荷兰

等北海及波罗的海西岸等沿海低地区。位于黑森州中部，公元 1525 至 1551 年间由当地哈瑙-明岑贝格侯爵家族（Grafschaft Hanau-Münzenberg）兴建之近五边形施泰瑙城堡（Steinau an der Straße）中，其北侧宫殿外墙迄今仍保存一座三层楼高之直立型凸窗，凸窗内部空间紧连城堡西侧宫殿大厅。而其三面突出的墙面上，每侧均饰有十五世纪流行于德国萨克森、图林根等地新教统治地区常见之"幕布拱形窗户"石框，其下方女儿墙墙面更饰有晚期哥特式多叶形图样，为一混合晚期哥特式及德国早期文艺复兴式风格装饰之建筑艺术品（6-122）。

主城堡内经济用途房舍

除各类军事防卫、居住、宗教用途建筑外，主城堡内尚包含其他各种简易、毫无装饰之经济性建筑物或设施，以维持城堡内日常生活所需并增加生存便利性。不过这些建筑设施并非完全都兴建在主城堡内，部分城堡因面积狭小或地势崎岖等因素，只能将其设置在主城堡外的前置城堡中。

6-122 德国施泰瑙城堡北侧宫殿外侧保存之十六世纪初直立型凸窗。

6-123 劳特尔巴赫宫殿城堡内文艺复兴式马房建筑。

· 马房

对中世纪封建贵族而言，马匹是其重要交通工具及战争资源，故于城堡内兴建马房照料饲养，即成为城堡中不可或缺的建筑单元。一般而言，城堡马房并无特别建筑形式，多数不过是与当时民宅一般，仅以半木造桁架或石块兴建的简易长方形单层建筑。直到十五世纪后，部分马房才以符合当时建筑风格的形式兴建。德国上黑森地区劳特尔巴赫宫殿城堡（Schloss Lauterbach）中的石造马房，就装饰着当时最流行之文艺复兴式阶梯状山墙及半圆形玫瑰石雕（6-123）。

· 厨房

作为烹饪备膳使用的厨房亦为城堡中必要的生活空间。就中世纪早期及中期的城堡而言，当时的厨房普遍设置在宫殿中可同时作为社交活动及食堂使用的宫殿大厅附近或其隔壁房间中。直到十五世纪后，基于防火安全，才有完全石造且独立设置于城堡宫殿外的厨房出现。至于城堡厨房的内部构造甚为简单，通常由一个类似壁炉排烟罩及与地面同高或只达腰际的炉台所组成。需烹饪的食物或需加温的器皿则吊挂在横贯于排烟罩进烟孔下方的铁杆上，再由炉台上烧柴火予以加热。另外，有些城堡中还拥有专门烘焙面包的房间。

· 厕所

如同现代居家生活一般，提供居住者内急所需使用的厕所也是城堡中不可或缺的要素。基本上中世纪城堡中的厕所分为两种，其一是于城堡中面向壕沟、河流或山谷的建筑物外墙上，兴建如城墙投掷角塔般突出墙面的"厕所角塔"。如厕之际，只要或蹲或坐在厕所角塔地板中圆孔上方，粪便等排泄物就会借由贯穿角塔内外的透空圆孔，将秽物直接排入城堡下方沟壑或河水中（6-124）。类似厕所角塔除了出现在城堡宫殿外墙上，时而亦可于城塔或主塔外墙上看见其踪影，唯其外形及使用方式和投掷角塔相似，故外观上较难分辨出两者之异同。位于英国约克，当地俗称的克里福特塔城堡中，突出于北侧左右两端弧形墙面交会处的半圆形厕所间角塔，即采如同城门或城墙上方悬空之投掷角塔设计，让粪便直接排放至下方城堡基座坡面上。外观上亦可由角塔下方石墙较其他墙面格外脏污、潮湿的样貌，观察出其作为厕所之可能用途（6-125）。

除厕所角塔外，另一种方式则是在城堡外部设置独立但相连的厕所塔，使排泄物由塔顶沿着塔中粪井坠落至下端水肥槽中，随即再引水经由渠道冲

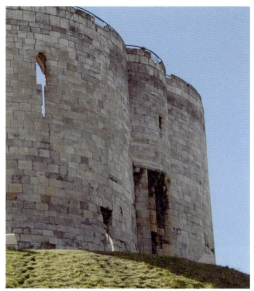

6-124 伊达尔-奥伯施泰因新宫殿城堡内悬空厕所内中木制马桶座板及圆形排泄孔。

6-125 约克城堡中突出于墙面间之半圆形厕所角楼（中）。

走。这类设计主要作为城堡内部众多人员共同使用，不同于厕所角塔仅供少数城堡成员或统治者使用，并与其生活起居空间直接相连。类似设计中最为经典的建筑范本，莫过位于现波兰境内，公元 1232 年由德国骑士团在马林维尔德城堡（Burg Marienwerder，今克维曾城堡）旁，横跨诺加特河（Nogat）渠道上兴建之巨大厕所塔（6-128）。整座高约 25 米的塔身即借由一条圆拱高架走道和城堡主体相连，粪便排泄后直接由河水冲走。历经数百年河道变化，虽然现在的诺加特河已不再直接流经厕所塔下方，但现今高耸的塔身外观，仍印证其高度机能性的设计。而这些设置于城堡外侧河畔，名为 Dansker 的厕所塔不只构成十三、十四世纪德国骑士团城堡的建筑特色，也是中世纪时期毫无先进设备下，清除排泄物最卫生、快速之方式。

城堡中庭

城堡中庭是指城堡围墙内，由各类建筑体环绕而成的区域（6-129），简而言之，就是城堡中尚未兴建建筑或作为特定用途之空旷土地部分。而这些可作为连通城堡内不同建筑的区域，甚至可充当花园、骑术竞技场等空间使用。早期城堡中庭多仅由平坦土地或沙地所构成，直到十六世纪后才有部分城堡中庭是以由石块或不同颜色石头组成的人造铺面所构成。原则上一座城堡内只有一个中庭，但许多城堡因随后扩建、发展所需，在城堡内不断增设房舍下，城

城堡生活命脉：
水资源的收集与使用

水资源向为中世纪城堡居住者最重要的生存元素，尤其当城堡被敌人围困并切断补给之际，唯有平时储存足够稳定之水源，或城堡内设有安全无破坏之虞的深井汲水系统才能渡过难关。因此凿井取水或集水储存自然是城堡中重要的生存课题。对平地型城堡而言，筑渠道疏引流经城堡旁的河水或在城堡中庭凿地下水井是最普遍之汲水方式。但对山坡型或顶峰型城堡而言，其高耸地势离地下水位较远，反而不利于凿井取水。因此多数位于高处的城堡都采用在城堡中庭地势较低处或厨房附近设置地下集水槽的方式，由地面沟渠或屋檐下集水凹槽收集雨水再导引至水槽中。储水槽上下四周均会铺上鹅卵石砾层以过滤水中杂质，如此过滤后之储水即可供汲水设备使用。

6-126 上巴伐利亚地区威利巴尔德城堡中逾80米深之深井。

6-127 威利巴尔德城堡中之深井及其上大型汲水器装置。

而伴随凿井技术进步，众多顶峰型城堡在中世纪末期也开始进行地下水井开凿工程。以威利巴尔德城堡为例，城堡内即设有一座深达80米以上、直径约3.5米宽的深井，这座十五世纪末就开始陆续深凿的露天汲水井，在十七世纪初，融入了当时城堡中新建之盖明根宫殿（Gemmingenbau）南翼（6-126、6-127）。当时该城堡除拥有这口庞大深井外，更具抽水帮浦设备，将环绕城堡三侧的阿尔特米尔河（Altmühl）河水输送至高处主城堡内。由此显示汲水的便利性及多元性与否，实为城堡建筑能否经得起长时间围困的重要防御因素之一。而为了确保水源之无虞，不论地下水井或集水槽等设备一般都设置在主城堡内，以巩固其防御及安全。不过也有少数顶峰型城堡因地势所限，只能将水井设置城堡外。位于普法尔茨山区的三重岩帝国城堡中，就有一座公元1230年左右兴建的水井塔，这座80米高、借由高架通道和城堡相连的水塔也成为早期顶峰型城堡水井设施规划之一。

6-128 马林维尔德城堡外耸立之厕所塔。

堡中庭的数量也因而增加。诸如位于上黑森地区十三边形的比丁根宫殿城堡即以环绕一个近似圆形的内部中庭兴建，但随着时间发展及空间不足等需求，公元十四世纪中，遂于宫殿南侧增建马房、储藏间等经济用途为主之前置城堡，前置城堡中各类经济用途房舍更以环绕方式构成另一椭圆形外部中庭，形成双中庭之城堡外形设计。

6-129 明岑贝格城堡内城堡中庭，左侧为宫殿及礼拜堂，中为西端防卫主塔，右侧为马房。

6-130 德累斯顿王宫内中庭及马术竞技赛道。

6-131 哈尔登堡中高低起伏之中庭。

就城堡中庭外形区分而言，除位于平原或水边地带的方形城堡，或文艺复兴初期统一规划兴建的四方形或几何多边形宫殿城堡外，其余多数位于山区之城堡中庭因所处地势及可用空间限制等因素影响而呈不规则形，甚至高低起伏状。在德国萨克森公爵所属德累斯顿王宫（Residenz Schloss）中，就有一座由文艺复兴式圆拱回廊环绕而成的狭长方形中庭。这类由回廊环绕的城堡中庭是当时最标准之宫殿中庭建构样貌，而中庭内空间则被用来作为马术竞技赛道使用（6-130）。相对于德累斯顿旧宫殿中几何形完整之中庭规划形式，位于德国西南部哈尔特山区（Haardt）之哈尔登堡，就有着如梯田般高低起伏的中庭，这些高度不同的中庭区块只能借由楼梯或刻凿在岩石上之石阶贯通联系（6-131）。

城堡中庭原则上是一片被城堡建筑所环绕的平面空间，多数并位处城堡中最为安全、难以接近之地带。因此，中庭向来成为城堡内施作、开凿地下水井绝佳之处，借此以

获得安全而不受污染的水源使用。位于下巴伐利亚兰茨胡特市（Landshut）的特劳斯尼茨城堡（Burg Trausnitz, 1200－1575），内部中庭即有一座水井，而突出于水井上的三角形铁铸汲水设备饰满花朵及晚期哥特式叶形纹，反为空旷、朴素的中庭空间装点出引人瞩目的雕塑艺术景点（6-132）。

花园

不论是实用的药草花园或纯粹用来装饰美化生活环境的观赏花园，中世纪城堡内的花园可以回溯至公元前之建筑传统。由现存九世纪圣加仑修道院平面图中有关药草花园的设置和规划，即可反映出这类景观设计甚早就成为人类建筑整体设计中不可或缺之单元。由于花草植物本身并不能永恒存活，加上易受气候变迁及部分城堡腹地有限等因素影响，既有城堡花园常因后世陆续扩建等需求而被撤除，使得真正中世纪城堡中的花园原貌已无法探究。现今诸多遗留下之城堡花园，多半属公元十六世纪后文艺

6-132 下巴伐利亚地区特劳斯尼茨城堡中庭内水井设施及其铁铸汲水架装饰设施。

6-133 伊德施泰因城堡中几何形花园苗圃。

6-134 十九世纪兴建的仿中世纪城堡废墟——摩斯堡。

复兴、巴洛克时期所偏好的法式几何形苗圃花园设计（6-133），或十八世纪末，在欧陆浪漫主义盛行下所改建，拥有不规则形状的苗圃、蜿蜒路径、池塘、景观雕像设置，甚至仿冒中世纪城堡废墟的英式花园（6-134）。

　　无论城堡花园设计及植栽形式为何，原则上大多都设置在由主城堡宫殿建筑所环绕的中庭内。唯就先天腹地狭小的山坡型城堡而言，花园只能设置在诸如困墙区、壕沟或菱堡等稍微远离主城堡的前置城堡区域内。以位于德国陶努斯山区中的埃普施泰因城堡（Burg Eppstein）为例，该城堡即属狭小山坡型城堡，城堡家族只能简单地将花园兴建在主城堡建筑下方困墙区中（6-135）；而在巴伐利亚艾希施泰特内的威利巴尔德城堡中，治理当地的城堡主教于十五世纪后半叶起，就同样基于腹地不足等因素将花园设置在城堡东侧现有菱堡设施上，成为主教和当地植物学家栽种植物、进行科学研究、观察的中心（6-136）。

6-135 埃普施泰因城堡困墙区中的小型花园。

6-136 威利巴尔德城堡东侧菱堡内的花园。

第七章

前置城堡

"前置城堡"为环绕或附属建筑在主城堡侧边的建筑群组，其兴建历史亦不如主城堡建筑久远，绝大多数建筑物为原有主城堡空间已不敷使用下，故于现有城堡范围外，再向周围扩建的区域。和主城堡内建筑相比，前置城堡建筑物主要具备军事及经济机能，其重要性、艺术性虽不及主城堡，但却提供并保障城堡居住者所需的生活资源及多一层防卫。也因前置城堡和主城堡等两大城堡建筑元素的相互结合，才赋予后人对中世纪城堡建筑整体变化多元的印象。

前置城堡及其所属经济用途房舍

　　前置城堡是增建于城堡外的附属建筑单元，目的是照料并供应主城堡居住者日常生活所需，以经济功能为首。前置城堡的设计构成大致和主城堡相同，城堡内各类经济用途的屋舍多以环绕前置城堡中庭，并沿前置城堡城墙内侧设置。城堡外则为壕沟围绕，并借由前置城堡城门对外联系。另外，部分城堡中除主城堡外，在前置城堡内也会兴建另一座高耸的防卫主塔，以加强整个城堡群的防御力。就行进动线规划而言，最为单纯、基础的前置城堡及核心城堡建筑空间配置，为人员进入主城堡时，需先行穿过前置城堡及其中庭，才能抵达主城堡城门。不过并非所有中世纪城堡都拥有前置城堡，有些主城堡因本身面积广大，故可将前置城堡内所有经济功能房舍完全纳入主城堡范围中。反之亦有部分已设有前置城堡的建筑体，因其空间仍不敷使用之故，甚至需于前置城堡外或主城堡其他侧边再设置另一座前置城堡使用。位于巴伐利亚的布格豪森城堡，就先后在主城堡外延伸兴建五座前置城堡，形成现存中世纪城堡中最为狭长延伸的断续型城堡群组。

　　前置城堡设置的历史通常较主城堡年轻，因此其平面、外形多受限于城堡内所剩可使用之土地面积而呈不规则形状，这种特性尤其在山坡型或顶峰型城堡中更为明显。此外，因地势关系，山区城堡所属之前置城堡多以散布在主城堡下方的方式兴建；平地型城堡中的前置城堡则因地处平缓，较能以规律性外形方式兴建。

　　前置城堡中通常包含马房、牲畜栏舍、粮仓、酒窖仓库、军火库、铁铺、厨房、守卫厅舍、水井、磨坊、洗衣间、仆役居住及办公房舍等各式经济用途建筑。不过这些建筑主要为城堡内仆役使用，因此建筑外观较为朴素，各式房舍通常是毫无细部装饰的粗面石造或砖造建筑，或是如中世纪民宅般以半木造桁架屋兴建而成。位于下巴伐利亚地区特劳斯尼茨城堡城门外就坐落一座砖造两层楼，而其木造屋顶高达三层楼的酒窖，其极简、毫无装饰或仅施以墙面泥灰的外观设计，令人难以联想该城堡系属统治巴伐利亚地

7-1 下巴伐利亚地区特劳斯尼茨城堡中前置城堡内之酒窖建筑。

区的公爵家族所有（7-1）。

值得一提的是，某些具特殊功能之经济型建筑物必须和整座城堡分隔，独自兴建于城堡群外，诸如磨坊和洗衣间等设施，就必须直接兴建于紧邻水流之处。德国奥登瓦尔德林区中的菲尔斯特瑙城堡，就因其紧邻的水壕沟之水量不足以推动磨坊，故后来取得这座城堡所有权的埃尔巴赫伯爵家族（Grafen von Erbach）便于公元 1590 年，在城堡外围米姆灵河旁兴建一座具北方文艺复兴风格式样的磨坊（7-2）。这座两层楼高之石造磨坊建筑及其充满当时北方建筑特有卷曲、峭立的山墙装饰，成为少数拥有华丽外貌之经济性功能建筑。

壕沟

壕沟系指位于城堡城墙外侧，利用天然河道、水潭及湖泊做阻隔，或借由人工挖凿、后天形成之地面间狭长凹陷露天坑道，借以阻挡敌人对城堡袭击并增加攻击阻碍的防卫建筑设置。就其外观而言，中世纪城堡壕沟大致可分为三种：沟中蓄满水的"水壕沟"、无水的"干壕沟"，及位在山坡上、下挖横断山岬臂或在山岬型、山坡型城堡中出现的"干颈沟"。不论其形式为何，这些壕沟都以环绕整个城堡或以数边沿着城墙开凿的方式规划。壕沟不只可用于环绕主城堡，也可同时围绕前置城堡及困城区，或在主城堡及前置城堡间再以一道壕沟切断并互为隔绝，形成片段型城堡。此外，壕沟亦可以层叠状方式层层向外设置、挖掘，形成阶梯状之防御系统。

7-2 位于菲尔斯特瑙前置城堡外，具文艺复兴式外墙装饰之磨坊。

　　不论主城堡或前置城堡，壕沟均为城墙外第一个可见之城堡建筑元素，也是城堡系统中第一道以防御为主要功能的建筑设施。壕沟作为基本军事防卫基础的历史由来已久，早在两千年前古罗马帝国时期，驻扎中欧各地的罗马军团就懂得于军营四周挖掘壕沟，增加当时日耳曼蛮族袭击之困难度。而公元二世纪兴建，横贯现今德国西北部莱茵河右岸、黑森州林区、美因河畔弗兰肯山区至多瑙河流域的上日耳曼-拉埃提亚罗马边境长城（Obergermanisch-Raetischer Limes），至今仍可在其夯土而成的土墙外看见这种凹陷状壕沟遗址（7-3）。这类借由深掘壕沟所铲出之泥土再堆积于壕沟旁、夯实而成的土堤不仅展现最基本壕沟土墙兴建方式，加深敌人跨越城墙的难度，也构成最原始之土墙防卫系统。

　　干壕沟和干颈沟（7-4）在中世纪城堡中是最常出现的壕沟类型，其中在山岬型或山坡型城堡中才出现的干颈沟基本上是干壕沟的变体。实际上，两者间差异并不明显，唯一区别在于干壕沟几乎环绕整座城堡外围，而干颈沟只出现于山区城堡中与山岬相连的单一或双侧边。中世纪初期这种人造壕沟构成大致既深且窄；而中世纪晚期，为有效减少新式火炮武器的破坏性，干壕沟设计逐渐变得愈渐宽广、平缓。为提高敌人横跨壕沟的难度，除增加城墙深入壕沟内基座的倾斜度、利用城墙外沼泽湿地作为天然壕沟外，部分壕沟中还额外加设木桩，或尽量保持壕沟中之泥泞和潮湿状态。

7-3 德国萨尔要塞堡附近上日耳曼-拉埃提亚罗马边境土墙及壕沟遗址。

7-4 弗里德贝格城堡前之干壕沟。

　　水壕沟（7-5）是所有壕沟类型中最为理想的城堡防御系统。它不仅增加敌人进攻城堡的难度，就近可得的水资源也可发挥饮用、洗涤之效，而水中鱼藻等生物也提供城堡居住者生活营养所需。不过水壕沟设置以具有溪流、湖泊等流动水源经过的渠道为佳，因为壕沟中若只是一摊无法流动的静止水体，不只易滋生病媒、造成环境恶化及城堡居住者健康问题，甚至进而引发水位下陷，使水壕沟周边土坡沼泽化，松动、软化壕沟旁城墙地基，导致城墙塌陷。故许多中世纪水边城堡在兴建壕沟时，都尽可能再另行挖掘渠道，引入流动溪水，以维持壕沟内的蓄水品质。

　　不过时至十五、十六世纪，中世纪城堡逐渐丧失其功能后，许多与中世纪城市相连的平地型城堡壕沟不仅被疏通、和城市城墙壕沟系统连接一起，成为城市整体防卫系统外，许多水壕沟内的水更被疏导，导致壕沟干涸。而十九世纪后半叶欧洲各国加速城市化后，许多遗留下之壕沟甚至被填平作为公园或马路使用，以增加城市扩张后可使用的土地面积。这些改变可由现今众多欧

7-5 水壕沟是所有壕沟类型中最为理想的城堡防御系统。

洲大型中世纪老城中（如法兰克福、莱比锡等），环绕市中心周围所出现之狭长、弯曲绿带或道路得到印证。

困墙区

困墙区是一种源自十二世纪后期，以近似迷宫迂回方式，环绕主城堡及前置城堡四周设立的狭长带状防御空间，也是介于主城堡或前置城堡城墙外和困墙等两道城墙间，所包夹形成的封闭通道地带。困墙区的出现及应用主要基于军事防御观点，若敌人成功跨过城堡最外围的壕沟，甚至外围城墙，进攻到主城堡和前置城堡下方时，借由困墙开端开放的设计，可诱引敌人向城堡中心前进，并由此缺口进入困墙区内，而遭到守军在城堡城墙及困墙上，同时由左右两边向身陷困墙间的敌人进行夹击。由于这两道围墙间的通道多属狭窄，当敌人向前挺进至此，身陷露天窄道后，根本无处可遮蔽，只能再循原来通道退回，而遭到守军夹杀，这种运用方式亦如现代军事术语中之"口袋战术"。

困墙的外观结构及建筑方式基本上和围绕在主城堡、前置城堡外，甚至一般中世纪城市的城墙并无明显差异，困墙上除城塔、角塔或城垛外，也设有防卫走道、射击孔甚至小门等设施。在火药武器普遍使用后，许多城堡甚至还在困墙上增设低矮新式炮台，以提升防御能力。而考虑困墙失守、被敌人占据，有可能成为敌人绝佳攻击制高点，由此反向朝城堡内部射击，因此困墙的高度原则上通常不超过主城堡或前置城堡城墙。此外，与主城堡内城塔一般，困墙上的城塔或城门也可采"壳架式城塔"设计。如此在敌人占领该处前，守军可先将困墙上城塔后方木结构部分在撤守前摧毁，使敌人无法盘踞于此向城堡内射击。至于困墙区的通道在平时除作为城堡外端连接至前置城堡的通道外，亦有部分城堡更利用这段区域作为马术竞技、畜栏，甚至前置城堡使用。

困墙系公元十二世纪后半叶十字军东征时期，首次运用在当时欧洲各骑士团于现今以色列、黎巴嫩、叙利亚等地兴建的骑士团城堡中。而这些新颖的城堡防御方式也让行经此地的十字军骑士成员留下深刻印象，并将这些设计概念带回英、法、意大利诸公国及神圣罗马帝国等地。十三世纪初，设立困墙区的概念更普遍传入欧洲，黑森州中部的明岑贝格城堡就成为此时具有早期困墙防卫设施的欧洲城堡代表（7-6）。不过现今多数欧洲城堡中的困墙或困墙区，都是十四或十五世纪后才出现的。位于巴伐利亚的特劳斯尼茨城堡迄今仍保留甚为完整、绵延的困墙区及困墙，墙上并保存着防卫走道、投掷孔及射击孔等设施（7-7、7-8）。而在海德堡宫殿城堡中，其东侧的干壕沟甚至延伸进入

7-6 明岑贝格城堡西侧困墙及相连之圆形炮台。

7-7 特劳斯尼茨城堡南侧困墙上之投掷孔设施。

核心城堡内侧中宫殿及城堡花园间，形成三面为高耸建筑物包夹的特有状态，将原有环绕城堡外围的壕沟设施转化为如困墙区尾端的封闭通道以便利防守（7-9）。

圆形炮塔

圆形炮塔是一种外观为圆形、半圆形，甚至四分之三圆形，用以设置火炮并突出于困墙或主城堡城墙上的城塔。这种出现于十五世纪后期的城堡防御建筑，是为因应火炮等新式军事武器广泛运用于战场而构思之城堡防护设

7-8 特劳斯尼茨城堡南侧绵延之困墙及墙上完整之防卫走道、射击孔等设施。

7-9 海德堡城堡宫殿中,由城堡花园(左)、英国宫(左后)与侍女寝宫(右)包夹下方干壕沟形成之困墙区。

施。炮塔墙身通常厚达 3 至 5 米,内部并设有二至三层楼平面空间,以架设火炮、弹药及炮兵驻守之用,炮塔内并设有旋转楼梯连接上下。前述明岑贝格城堡在十三世纪初困墙兴建之际,就于城堡西侧困墙上增建一座早期低矮圆形炮塔。而十五世纪初于海德堡宫殿城堡东南端兴建、高 42 米的巨型"火药塔"虽于 1693 年间在普法尔茨爵位继承战中被法军炸毁,但其裸露的内部多楼层空间、厚重宽墙及石拱顶,皆显示出类似功能建筑的抗摧毁设计(7-10)。

　　由于圆形炮塔系应付新式攻击方式,才于城堡原有重要或待强化区域墙面间陆续增建而成,故这类炮塔依其外观及功能多数被冠以火药塔、胖塔、弹药塔等特殊昵称,与十六世纪后出现的新式要塞城堡及具整体规划的菱形炮台相比,显得零散分布于城堡四周。公元 1500 年左右,统治哈尔特山区的莱宁根伯爵家族便于所属哈尔登堡四周分散增建六座圆形炮塔,以加强防卫功能。其中"圆塔"更孤立兴建于城堡西侧城门及干颈沟外,并仅能借由一座如天桥般横跨干颈沟的通道和城堡相连(7-11)。这种设置于壕沟外侧并借由通道和城堡相连的圆形炮台,也出现在弗里德贝格城堡内。1493 年,城堡伯爵在重建城堡南侧城门时,于西南角壕沟外增建一座两层楼高的圆形炮塔——胖塔(7-12)。胖塔内楼层不仅由设置于宽厚塔壁内的旋转石梯上下相连,下层炮塔则更借由横贯壕沟下方之通道和城堡相连。

　　圆形炮塔在当时虽属最为先进之城堡防卫设施,但其突出城堡建筑体外的设计在防护上仍有死角,加上圆塔数米厚的塔壁,迫使塔内可用空间变小,

7-10 海德堡宫殿城堡中十七世纪末摧毁之火药塔及其内部厚重结构。

7-11 哈尔登堡内，圆形炮塔（右）及左侧相连的城堡主体。

无法同时容纳太多门火炮，难以强化城堡全方位防卫。由于射击后硝烟味在塔内难以挥散等种种因素，使得圆形炮塔在十六世纪后逐渐被更为新颖的菱形炮台所取代。

外部防卫系统

　　外部防卫系统是指于整体城堡设施外围城墙外（尤指困墙或前置城堡城墙），所兴建一系列由土墙、木桩墙、壕沟或掩体所组成的防卫性障碍物。这些大部分由泥土、树干等容易取得、施工之材料兴建的防卫设施，首要功能并非为城堡增加更坚固持久的防备，而是尽可能防止十二世纪末所发明的石块投掷机的迅速攻击，避免这些当时堪称新科技的攻城武器，在毫无阻碍下轻易接近城堡，对城墙进行破坏。另外，这些防御工事可使城堡主体远离新式武器有效射程内。整体而言，外部防卫系统主要出现在长期为战乱所困、容易遭受攻击的地势平缓区域内。十字军东征时期，由基督教军队于西亚地中海沿岸所兴建或位于法国西北部诺曼底地区的城堡，多有这类设施。

　　在罗马帝国及中世纪初期，石材尚未普及运用于城堡建筑之际，外部防卫系统即为当时最为普遍施作的基本防卫元素。由于类似结构泰半系由简易建材兴建，随着材质腐损、城堡防卫观念改变及配合城堡更新发展等因素，致使这些早期外部防卫设施多已移除。随着十六世纪火炮攻城科技进步、要塞建筑设计书籍的普及和倡导，纯粹以军事防卫用途为目的的碉堡建筑兴起，于是逐渐出现新式高耸巨大的防御建筑——以厚重石材兴建，呈三角形或镞头状，环绕在五角星状或菱形堡垒炮台外。而这种新式外部防卫系统除可增加交互支持射击角度、抵御新式炮火攻击等功能外，更富有象征意涵。其厚重、高耸的外观充分展现城堡统治者坚不可破的吓阻印象，甚至进而显现城堡主人追求科技新知的开明进步形象。以威利巴尔德城堡为例，这座位于山岬上、三面由旧穆尔河环绕的主教城堡，向来为当地天主教教区主教治理政教事务所在。十七世纪前半叶，时任主教的约翰·克里斯托夫（Johann Christoph von Westerstetten，1612—1636 年在位）即下令将城堡西侧岬角尖端改建为由两层菱堡向外层层堆叠、外加突出菱堡外之三角形防卫角垒所形成的新式防卫系统（7-13）。借由逐层叠起之外部防卫系统设计，加上西侧矗立山岬尖端的两座主塔，给以整体建筑更为宏伟、坚韧不摧之感。虽然城堡东侧才是仅有连外出口，也是敌人意图进犯时的唯一途径，西侧因其地势陡峭实际上并不会成为敌人入侵的选择，但历任主教不时强化城堡西侧防卫设施，即在彰显城堡及主教统治权无可侵犯之意涵。

　　自中世纪城堡世纪结束后，多数十六世纪设置之新式外部防卫系统并未遭受立即拆除之命运，而是持续运用至十九世纪前半叶，甚至转化为整体城市及城墙防卫系统。公元 1828 年，巴伐利亚国王路德维希一世（Ludwig I von Bayern，1786—1868）于多瑙河畔英戈尔施塔特新宫殿南侧设置的蒂利将军掩体（Reduit Tilly，7-14），即属新式防卫建筑兴起后，常见之十九世纪堡垒要塞外部防卫系统。其内部上下两层掩体建筑空间可供军队屯驻并向外防卫射击使用。另外，这类建筑不仅和英戈尔施塔特全城防卫系统相连，同时也成为戍守新宫殿的第一道防卫线。不过这些新式掩体建筑外观、功能早已超越中世纪城堡时期最为基本的外部防卫系统建筑构造，而是接踵来临之宫殿建筑世代的设计产物。

7-12 弗里德贝格格城堡外之圆形炮台——胖塔。

7-13 威利巴尔德城堡西端岬角双层菱堡及突出菱堡外三角形防卫角垒。

7-14 英戈尔施塔特内蒂利将军掩体。

第八章

结论

关于中世纪城堡建筑，德国建筑史学家比勒（Thomas Biller）曾对此给了一个最具代表性的定义，认为城堡是种"贵族阶级具防卫性质的居住处所"，它不只满足封建贵族展现庄严威望的期望，也同时满足防卫需求。由此显示城堡乃为兼具居住、防卫及象征性彰显统治者权威的多功能建筑。不过由建筑艺术史发展的洪流而言，欧洲城堡建筑的萌芽、兴起，甚至衰落在所有建筑类型中系属最受人为政治社会制度、科技进展等环境条件影响而决定其发展的形式，并有着强烈历史时空及地理环境限制之因素。

虽然早在公元前古罗马帝国时期或六世纪之前，生活在中欧及北欧各地的原始维京人、诺曼人、日耳曼人及斯拉夫人等各部族中就已开始营建、设置军营城堡或人造土丘楼塔等早期类似中世纪城堡外观及功能的建筑形式，但中世纪城堡真正兴起及城堡建筑基本元素的确立仍肇因于十世纪左右，随着迁徙式君主政体及封邑制度的奠定与兴盛、欧陆封建统治领主间频繁纷争及宗教冲突等因素，产生加强统治者所属居住、财产防卫管理性建筑的防御功能需求有关。而中世纪城堡的没落及消逝，在政治上也是基于中世纪晚期层级式行政官僚制度逐渐兴起，统治者可节省更多巡视时间，专精在政治、外交及财政等方面统御规划上。而领土、财富及天然资源的取得更在于领导者外交及财政经营能力，使政治架构由封建制度转向强调开明专制统治的政治思维有关。这项转变也与当时文艺复兴时期强调人文、理性思维的统治观念密不可分。至于在科技方面，则与新式火炮、枪药等的攻城武器由西亚伊斯兰地区引入、迅速流传及发展有关，使城堡攻夺由原先围城被动方式改为主动破坏，加速城堡建筑迈向发展的终点，并使原先兼顾居住质量及防卫安全等多元功能的城堡建筑，势必朝向强调居住功能的宫殿建筑或防御功能的军事堡垒等两种建筑类型分开发展之趋势。这些均为中世纪城堡建筑无法持续发展至今的决定性主因。

城堡建筑这种易受外在人为政治社会环境因素影响，进而产生设计、营建方式改变的特色，尤其在城墙防御设计上更为明显。在公元十世纪之前的中世纪早期城堡建筑中，当时为数众多的楼塔式城堡几乎仅兴建于人造土丘之上，四周并无明显高耸城墙设置，仅以简易木桩环绕。直到十世纪后随着封邑制度兴起及封建领主间领土资源争夺频繁下，多数中世纪城堡才开始以石材建构 20 至 30 米高的高耸垂直城墙，以密闭环绕城堡主体四周；甚至于公元十三世纪后，开始设置射击缝隙、城墙投掷孔及困墙等十字军东征时期，欧洲骑士团接触、观察当时伊斯兰城堡防御设计后，所带回的新式城墙防护设施于城堡设计上。使当时高耸垂直的城墙，足以抵挡以箭弩、长矛或投石器为主的近距离式抛射武器。而随着十四世纪中叶后，火药开始应用于欧洲城堡掠夺战事中及枪炮等热能性军事武器快速发展，中世纪晚期的城堡城墙才逐渐改造，以水平式厚重圆形炮塔、菱形堡垒等低矮、宽广的城墙防卫系统取代原先耸立突出、单薄的垂直型城墙防卫系统。如此政治社会制度转变及科技发展等因素，也肇使中世纪盛期城墙高耸外观逐渐转化为水平、绵延的印象。

时至十六世纪后半叶，中世纪城堡建筑酿生的政治社会环境彻底转变，并逐渐由文艺复兴式或早期巴洛克式宫殿建筑及要塞城堡取代，城堡作为印证人类建筑艺术文明成就之类型实已迈向终点。虽然十八世纪后半叶及十九世纪中，城堡建筑在荒废、沉寂达两世纪后又历经重生、复兴的风潮，但其原因已非基于政治、社会发展等因素，而是源自欧洲文化及艺术思维发展的观点。除公元 1750 年后浪漫主义兴起，欧陆在怀旧、重视民族自我历史发展思潮影响下，引发对中世纪建筑、文化资产的喜爱及研究、探索兴趣外，同时期逐渐兴起对历史古迹、文化资产的保存、维护，甚至复原等观念更成为中世纪城堡重新备受重视的主要推手。在英法德意等欧陆主要各国历史学者、建筑师及统治君主重视下，诸多中世纪城堡废墟得以保存，甚至复原、重建中世纪建筑原有样貌。虽然在这些整修后的城堡建筑中，部分是由复原者未经现址实地科学性挖掘、测量，辅以历史文献考证下，单凭热情及对中世纪建筑应有外观想象设计而成，并非依据原有建筑实际历史面貌重新呈现，不过这种将中世纪城堡建筑视为人类文化资产予以永恒保存维护，作为印证欧陆中世纪政治、社会及历史文化发展过程的观念却是全新进展。这种中世纪城堡再现的过程，除单纯外观形式的模仿、复原，乃至展现当时建筑美学思维外，更重要的是基于文化遗产保存、民族历史认同教育的动机，让中世纪城堡获得重生的立论、思想基础。如此也是巴伐利亚国王路德维希二世于十九世纪中所令兴建，纯粹凭梦幻想象设置的新天鹅堡，至今在城堡建筑史中仍占有重要篇章之因。

随着二十世纪后建筑资产保存概念的转变，强调以原址保存方式，维护现存中世纪城堡建筑遗迹，以取代大规模重建、复原原有壮丽、历史外观后，城堡在人类建筑发展史中才真正迈入最后终点。虽然时至二十世纪后半叶，在满足人类娱乐等现代社会需求下，具欧洲中世纪城堡样貌的建筑在各地主题游乐园中兴起，但这些徒具外观，而完全缺乏地方历史、社会联结性的城堡建筑多是种以营利为出发点而大肆复制、模仿的通俗艺术（Kitsch），缺乏中世纪时期建筑师及工匠设计、营建城堡建筑时的深层构思及对自我才能的全然信心。但某种程度，这些通俗建筑却又以最为简化、便利的"懒人包"方式，将欧洲中世纪城堡建筑近六百年演进过程中，逐渐发展出的各类建筑样式、装饰元素，压缩、集合呈现在这些单独、虚构的建筑上，先入为主地成为教育、形塑现代人对中世纪城堡建筑认知的第一堂课。这或许是第一座中世纪城堡兴建时，城堡主人、建筑师及工匠所无法预知的后续发展，但某种程度，它也十足反映出中世纪城堡建筑及城堡生活至今对现代人的魔幻吸引。

第九章

三十座重点城堡
参访推荐

平地型城堡

比丁根宫殿城堡	Schloss Büdingen			
历史重要性 类型代表性 交通接近性	★★★★ ★★★★ ★★★	类型	平地型、伯爵城堡	
位置	德国黑森州（Hessen） Schloßplatz 1, 63654 Büdingen, Germany			
保存状态 现存用途	完整保存／私人所有、半开放参观 宫殿博物馆、宫殿旅舍（Schlosshotel Büdingen）			
参观资讯	http://www.schloss-buedingen.de/index.php?q=schlossmuseum.html			

伯爵城堡　Gravensteen				
历史重要性 类型代表性 交通接近性	★★★★ ★★★★ ★★★★★	类型	平地水边型、伯爵 城堡	
位置	比利时东法兰德斯省根特（Provincie Oost-Vlaanderen） Sint-Pietersplein 9, 9000 Gent, Belgium			
保存状态 现存用途	完整保存／市政府所有、公共开放收费参观 根特历史博物馆（Historische Huizen Gent）			
参观资讯	http://gravensteen.stad.gent/en/content/opening-hours-admission-prices			

格吕克斯堡城堡	Schloss Glücksburg			
历史重要性 类型代表性 交通接近性	★★★ ★★★★★ ★★★	类型	平地水边型、公爵 宫殿城堡	
位置	德国石勒苏益格-荷尔斯泰因州（Schleweig-Holstein） 24960 Glücksburg, Germany			
保存状态 现存用途	完整保存／公共法人所有、公共开放收费参观 格吕克斯堡城堡宫殿博物馆			
参观资讯	http://www.schloss-gluecksburg.de/en/guided-tours/			

亚琛行宫礼拜堂	Pfalzkapelle Aachen		
历史重要性 类型代表性 交通接近性	★★★★★ ★★★★★ ★★★★	类型	平地型、帝王行宫
位置	德国北莱茵–威斯特法伦州（Nordrhein-Westfalen） Aachener Dom, Domhof 1, 52062 Aachen, Germany		
保存状态 现存用途	全部保存／天主教亚琛教区所有、公众开放参观 天主教亚琛教区主座教堂（Aachener Dom）		
参观资讯	http://www.unesco.de/en/kultur/welterbe/welterbe-deutschland/aachen-cathedral.html		

盖尔恩豪森行宫遗迹	Pfalz Gelnhausen		
历史重要性 类型代表性 交通接近性	★★★★★ ★★★★★ ★★★★	类型	平地水边型、帝王行宫
位置	德国黑森州（Hessen） Burgstraße 14, 63571 Gelnhausen, Germany		
保存状态 现存用途	部分保存／邦政府所有、公众开放 帝王行宫露天展示馆		
参观资讯	http://schloesser-hessen.de/54.html		

萨尔要塞城堡	Kastell Saalburg		
历史重要性 类型代表性 交通接近性	★★★★ ★★★★★ ★★	类型	平地型、正方形、罗马军营城堡
位置	德国黑森州（Hessen） Römerkastell Saalburg, Saalburg 1, 61350 Bad Homburg vor der Höhe, Germany		
保存状态 现存用途	全部保存、城堡十九世纪末复原／州政府所有、公众收费开放 罗马军营萨尔堡博物馆（Saalburgmuseum）暨考古发掘展示公园		
参观资讯	http://www.saalburgmuseum.de/english/info_en.html		

三橡林城堡遗迹　Burg Dreieichenhain			
历史重要性 类型代表性 交通接近性	★★★★★ ★★★★★ ★★	类型	平地型、正方形、帝王财产防护城堡、土丘楼塔型
位置	德国黑森州（Hessen） Fahrgasse 52, 63303 Dreieich, Germany		
保存状态 现存用途	部分保存／州政府所有、公众开放参观（楼塔及城堡遗迹） 城堡遗迹公园及三橡市博物馆（Dreieich-Museum）		
参观资讯	http://dreieich-museum.de/de/museum/kontakt		

马尔堡城堡　　Marienburg			
历史重要性 类型代表性 交通接近性	★★★★★ ★★★★★ ★★★	类型	平地水边型、长方形、骑士团城堡
位置	波兰卡图兹县（Gmina Kartuzy） Staroś cińska 1, 82-200 Malbork, Poland		
保存状态 现存用途	全部保存／市政府所有、公众开放收费参观 马利亚宫殿城堡博物馆（Muzeum Zamkowe w Malborku）		
参观资讯	http://www.zamek.malbork.pl/index.php?p=informacje		

普法尔茨伯爵岩城堡　Burg Pfalzgrafenstein			
历史重要性 类型代表性 交通接近性	★★★★ ★★★★★ ★★	类型	水边型、几何六边形、关税城堡
位置	德国莱茵兰–普法尔茨州（Rheinland-Pfalz） Burg Pfalzgrafenstein, 56349 Kaub, Germany		
保存状态 现存用途	全部保存／州政府所有、公众收费开放参观 普法尔茨伯爵岩城堡税堡展示馆		
参观资讯	http://www.loreley-info.com/eng/rhein-rhine/castles/pfalzgrafenstein.php		

新宫殿城堡　Neues Schloss				
历史重要性 类型代表性 交通接近性	★★★★ ★★★★ ★★★★	类型	平地型、城市型、 公爵宫殿城堡	
位置	德国巴伐利亚州（Bayern） Paradeplatz 4, 85049 Ingolstadt, Germany			
保存状态 现存用途	全部保存／英戈尔施塔特（Ingolstadt）市政府所有、公共开放参观（博物馆内部收费） 巴伐利亚军事博物馆（Bayerisches Armeemuseum）			
参观资讯	https://www.armeemuseum.de/en/information-for-visitors/opening-hours.html			

菲尔斯特瑙宫殿城堡　Schloss Fürstenau				
历史重要性 类型代表性 交通接近性	★★★ ★★★★ ★★★	类型	平地型、正方形、主教所属城堡、财产防护型城堡	
位置	德国黑森州（Hessen） Schlossplatz, 64720 Michelstadt, Germany			
保存状态 现存用途	部分保存／私人所有、不开放参观（仅外部观赏） 私人家族住所			
参观资讯	https://de.wikipedia.org/wiki/Schloss_F%C3%BCrstenau_（Michelstadt）			

山坡型城堡

荣誉岩城堡遗迹　Burg Ehrenfels				
历史重要性 类型代表性 交通接近性	★★★ ★★★★ ★★★★	类型	山坡型、关税设备防护城堡	
位置	德国黑森州（Hessen） Rwine Burg Ehrenfels, Niederwald bei Rüdesheim am Rhein, 65385 Rüdesheim am Rhein, Germany			
保存状态 现存用途	部分保存／州政府所有、封闭式参观（遗址内参观须预约） 遗迹露天保存			
参观资讯	http://schloesser-hessen.de/71.html			

新卡岑埃尔恩博根城堡　Burg Neukatzenelnbogen				
历史重要性 类型代表性 交通接近性	★★★ ★★★ ★★★★	类型	山坡型、对峙防卫、 伯爵城堡	
位置	德国莱茵兰−普法尔茨州（Rheinland-Pfalz） Burg Neukatzenelnbogen, 56346 Sankt Goarshausen, Germany			
保存状态 现存用途	全部保存／私人所有、不开放参观（仅外部观赏） 私人所有			
参观资讯	https://en.wikipedia.org/wiki/Katz_Castle			

赖兴施泰因城堡　Burg Reichenstein				
历史重要性 类型代表性 交通接近性	★★★ ★★★★★ ★★★★	类型	山坡型、关税、强 盗骑士城堡	
位置	德国莱茵兰−普法尔茨州（Rheinland-Pfalz） Burgweg 24, 55413 Trechtingshausen, Germany			
保存状态 现存用途	全部保存／私人所有、公众开放收费参观 赖兴施泰因城堡博物馆（Museum Reichenstein）、赖兴施泰因城堡饭店 （Burghotel Reichenstein）、餐厅			
参观资讯	http://www.burg-reichenstein.com/wp-content/uploads/2015/05/Informationsplakat.pdf			

顶峰型城堡

三重岩帝国城堡　Reichsburg Trifels				
历史重要性 类型代表性 交通接近性	★★★★★ ★★★★ ★★	类型	顶峰型、帝王城堡	
位置	德国莱茵兰−普法尔茨州（Rheinland-Pfalz） Burg Trifels, 76855 Annweiler, Germany			
保存状态 现存用途	全部保存／州政府所有、公众开放收费参观 帝王城堡展示馆			
参观资讯	http://www.burgen-rlp.de/index.php?id=reichsburgtrifels			

温普芬行宫遗迹	Pfalz Wimpfen		
历史重要性 类型代表性 交通接近性	★★★★★ ★★★★★ ★★★	类型	顶峰型、帝王行宫
位置	德国巴登-符腾堡州（Baden-Württemberg） Burgviertel, 74206 Bad Wimpfen, Germany		
保存状态 现存用途	部分保存／州政府所有、公众开放参观（城塔及城堡礼拜堂收费参观） 城堡遗迹、市区街廓及行宫教礼拜堂博物馆（Kirchenhistorisches Museum）		
参观资讯	http://www.burgenstrasse.de/showpage.php?SiteID=20&lang=2&sel=o&sid=6		

马克斯堡	Marksburg		
历史重要性 类型代表性 交通接近性	★★★ ★★★★★ ★★★★	类型	顶峰型、伯爵城堡
位置	德国莱茵兰-普法尔茨州（Rheinland-Pfalz） Marksburg, 56338 Braubach, Germany		
保存状态 现存用途	全部保存／民间法人协会所有、公众开放收费参观 德国城堡古迹保存协会（Deutsche Burgenvereiningunge.V. / DBV）会址、马克斯堡城堡展示馆、餐厅		
参观资讯	http://www.marksburg.de/english/frame.htm		

特劳斯尼茨城堡	Burg Trausnitz		
历史重要性 类型代表性 交通接近性	★★★★ ★★★★ ★★★★	类型	顶峰型、宫殿型、公爵城堡
位置	德国巴伐利亚州（Bayern） Burg Trausnitz 168, 84036 Landshut, Germany		
保存状态 现存用途	全部保存／州政府所有、公众收费开放参观 特劳斯尼茨城堡展示馆		
参观资讯	http://www.schloesser.bayern.de/englisch/palace/objects/la_traus.htm		

海德堡宫殿城堡	Schloss Heidelberg		
历史重要性 类型代表性 交通接近性	★★★★★ ★★★★ ★★★★★	类型	顶峰型、宫殿型、 公爵城堡
位置	德国巴登-符腾堡州（Baden-Württemberg） Schlosshof 1, 69117 Heidelberg, Germany		
保存状态 现存用途	部分保存／州政府所有、公众收费开放参观 海德堡宫殿历史博物馆		
参观资讯	http://www.schloss-heidelberg.de/en/visitor-information/		

圣米歇尔山修道院城堡	Abbaye du Mont-Saint-Michel		
历史重要性 类型代表性 交通接近性	★★★ ★★★★ ★★	类型	顶峰型、修道院城堡
位置	法国芒什省（Département Manche） 50170 Le Mont-Saint-Michel, France		
保存状态 现存用途	全部保存／省政府所有、公众收费开放参观 现为耶路撒冷兄弟会（Fraternités monastiques de Jérusalem）修道院、本笃派 修道院历史博物馆（Musée historique）、海洋及生态博物馆（Musée de la mer et de l'écologie）		
参观资讯	http://www.ot-montsaintmichel.com/en/visite-mont-saint-michel.htm		

明岑贝格城堡遗迹	Burg Münzenberg		
历史重要性 类型代表性 交通接近性	★★★★ ★★★★★ ★★	类型	顶峰型、近椭圆形、 朝臣城堡
位置	德国黑森州（Hessen） Burgruine Münzenberg, 35516 Münzenberg, Germany		
保存状态 现存用途	部分保存／州政府所有、公众开放收费参观 遗迹露天保存		
参观资讯	http://schloesser-hessen.de/66.html		

埃尔茨城堡　Burg Eltz				
历史重要性 类型代表性 交通接近性	★★★★ ★★★★★ ★★	类型	顶峰型、分割型、 伯爵城堡	
位置	德国莱茵兰–普法尔茨州（Rheinland-Pfalz） Kastellanei Burg Eltz, 56294 Wierschem, Germany			
保存状态 现存用途	全部保存／私人所有、公众开放收费参观 地区伯爵城堡展示馆			
参观资讯	http://www.burg-eltz.de/en/planning-your-trip-to-eltz-castle/opening-hours-fees			

阿尔布莱希特堡　Albrechtsburg				
历史重要性 类型代表性 交通接近性	★★★★★ ★★★★★ ★★★★	类型	顶峰型、分割型、 主教（公爵）城堡	
位置	德国萨克森州（Sachsen） Domplatz 1, 01662 Meißen, Germany			
保存状态 现存用途	全部保存／州政府所有。宫殿部分：公众收费开放参观；教堂部分：免费参观 宫殿展示馆、新教路得派教区教堂			
参观资讯	http://www.albrechtsburg-meissen.de/en/fees_opening_hours/			

要塞型城堡

纽伦堡皇帝堡　Kaiserburg Nürnberg				
历史重要性 类型代表性 交通接近性	★★★★★ ★★★★★ ★★★★★	类型	顶峰型、要塞型、 帝王城堡	
位置	德国巴伐利亚州（Bayern） Burg 13, 90403 Nürnberg, Germany			
保存状态 现存用途	全部保存／州政府所有、公众收费开放参观 纽伦堡皇帝堡展示馆			
参观资讯	http://www.kaiserburg-nuernberg.de/englisch/tourist/admiss.htm			

马林贝格要塞城堡　Festung Marienberg			
历史重要性 类型代表性 交通接近性	★★★★★ ★★★★★ ★★★★	类型	顶峰型、要塞型、主教城堡
位置	德国巴伐利亚州（Bayern） 97012 Würzburg, Germany		
保存状态 现存用途	全部保存／州政府所有、公众收费开放参观 公爵主教宫殿博物馆（Fürstenbaumuseum）		
参观资讯	http://www.wuerzburg.de/en/visitors/must-sees/22689.Festung_Marienberg_Fortress_Marienberg.html		

慕诺特堡垒　Munot			
历史重要性 类型代表性 交通接近性	★★★★ ★★★★ ★★★★	类型	顶峰型、圆形、要塞城堡
位置	瑞士沙夫豪森州（Kanton Schaffhausen） Munotstieg 17, 8200 Schaffhausen, Switzerland		
保存状态 现存用途	全部保存／市政府所有、公众收费开放参观 慕诺特协会（Munotverein）会址暨文化场所		
参观资讯	http://www.munot.ch/index.dna?rubrik=5&lang=1		

山岬型城堡

旬恩堡　Schönburg			
历史重要性 类型代表性 交通接近性	★★★ ★★★★ ★★★★	类型	山岬型、骑士城堡
位置	德国莱茵兰-普法尔茨州（Rheinland-Pfalz） 55430 Oberwesel, Germany		
保存状态 现存用途	全部保存／上韦瑟尔市政府所有、部分开放参观 旬恩堡城塔博物馆（Turmmuseum auf Schönburg）、城堡饭店		
参观资讯	http://www.kolpinghaus-auf-schoenburg.de/index.php?menuid=78		

布格豪森城堡	Burg zu Burghausen		
历史重要性 类型代表性 交通接近性	★★★★ ★★★★★ ★★★	类型	山岬型、片段型、 公爵城堡
位置	德国巴伐利亚州（Bayern） Burg 48, 84489 Burghausen, Germany		
保存状态 现存用途	全部保存／州政府所有、公众收费开放参观 布格豪森城堡展示馆		
参观资讯	http://www.burg-burghausen.de/englisch/tourist/admiss.htm		

弗里德贝格城堡	Burg Friedberg		
历史重要性 类型代表性 交通接近性	★★★★ ★★★★★ ★★★★	类型	山岬型、城市型、 朝臣伯爵城堡
位置	德国黑森州（Hessen） Mainzer-Tor-Anlage 6, 61169 Friedberg, Germany		
保存状态 现存用途	全部保存／弗里德贝格市政府所有、公共开放参观（除主塔需收费） 市政府财务局、学校机构、住宅、阿道夫塔（Adolfsturm）展示馆		
参观资讯	http://www.friedberg-hessen.de/smap---2640--normal-.html		

威利巴尔德城堡	Willibaldsburg		
历史重要性 类型代表性 交通接近性	★★★★ ★★★★ ★★★	类型	山岬型、主教城堡
位置	德国巴伐利亚州（Bayern） Burgstraße 19, 85072 Eichstätt, Germany		
保存状态 现存用途	完整保存／州政府所有、公众收费开放参观 侏罗纪生物博物馆（Jura-Museum Eichstätt）、史前暨早期史博物馆（Museum für Ur- und Frühgeschichte Museum）		
参观资讯	http://www.eichstaett.de/poi/willibaldsburg-1761/		

附录一：城堡建筑词汇德英中三语对照表

德文 Deutsch	英文 English	中文 Chinese
中世纪制度及阶级		
Reisekönigtum	itinerant kingship	迁徙式君主政体
Lehenswesen	feudal system	采邑制度
Kurfürst	prince-elector	选帝侯
Burggraf	burgrave	城堡伯爵
Fürstbischof	prince-bishop	采邑主教
Vasall	vassal	附庸、陪臣
Burgmann	castellan	城堡财产管理者
Dienstmann		仆役
Söldner	mercenary	雇佣兵（制度）
Ritter	knight	骑士
Ritterorden	chivalric order	骑士团
Ritterlichkeit	chivalry	骑士精神
Minnesang		宫廷抒情诗歌
中世纪城堡建筑类型		
Burg	castle	城堡
Schloss	castle	宫殿建筑、宫殿城堡
Fliehburg/ Fluchtburg	refuge castle	避难城堡
Motte	motte	土基座城堡
Flachlandburg	lowland castle	平地型城堡
Hangburg	hillside castle	山坡型城堡
Gipfelburg	hilltop castle	顶峰型城堡
Wasserburg	moated castle	水边型城堡

德文 Deutsch	英文 English	中文 Chinese
Stadtburg	urban castle	城市型城堡
Felsenburg	rock castle	崖壁型城堡
Höhlenburg	cave castle	岩洞型城堡
Spornburg	spur castle	山岬型城堡
Abschnittsburg		片段型城堡
Ganerbenburg	coparcenary castle	分割型城堡
Ministrialenburg		朝臣城堡
Pfalz	palace	行宫
Winterpfalz	winter palace	冬季行宫
Jagdschloss	hunting castle	猎宫
Witwenschloss	widow`s castle	寡妇宫殿
Winterresidenz	winter residence	冬宫
Bischofsburg	bishop castle	主教城堡
Klosterburg	monastery castle	修道院城堡
Kirchenburg	church castle	教堂城堡
Zollburg	toll castle	关税城堡
Reichsburg	imperial castle	帝王城堡
Raubritterburg	robber-knight`s castle	强盗骑士城堡
Trutzburg	counter-castle	围城型城堡
Festung	fortress	要塞型城堡
城堡建筑元素		
Kernburg	inner bailey	核心城堡／主城堡
Vorburg	outer bailey	前置城堡
Tor	gate	城门
Torturm	gate tower	城塔式城门
Torhaus	gatehouse	城楼式城门
Schalenturm	half tower	壳架式城塔
Fallgitter	portcullis	垂降栅栏
Zugbrück	drawbridge	悬臂吊桥
Wurferker	bretèche	投掷角楼
Limes	limes	罗马帝国边境城墙
Ringmauer	ring wall	城墙
Schildmauer	curtain wall	盾墙

德文 Deutsch	英文 English	中文 Chinese
Füllungsmauer		填夹墙
Bollwerk		木桩墙
Fischgrätmauerwerk	opus spicatum	鱼刺状堆砌墙面工法
Kragstein	corbel	托拱石
Wehrgang	wall walk/ alure	防卫走道
Zinnenmauer	battlement	城垛城墙
Schwalbenschwanzzinnen	swallowtail merlon	燕尾型城垛
Barbakane	barbacan	瓮城
Maschikuli	machicolation	城墙投掷孔
Schießscharte	embrasure/ loophole	射击缝隙
Palast	palace	宫殿
Saalbau	hall	宫殿大厅
Aula Regia	aula regia	接见大厅
Appartement	appartement	空间单位系统
Kammer	chamber	房间（卧房）
Stube	room	房间（书房、工作间）
Studiolo	studio	书房
Giebel	gable	山墙
Staffelgiebel/ Treppengiebel	stepped gable	阶梯状山墙
Würfelkapitell	cushion capital	块状柱头
Holztäfelung	panelling	木壁板
Laubengang	arcade/ portico	回廊通道
Buckelquader	rusticated ashlar	粗面巨石块
Tonnengewölbe	barrel vault	筒状拱顶
Kreuzrippengewölbe	rib vault	十字肋拱顶
Kreuzstockfenster		十字形窗户
Rundbogenfries	round arch frieze	连续圆拱壁饰
Kleeblattbogen	trefoil arch	三叶幸运草式圆拱
Burgkapelle	castle chapel	城堡礼拜堂
Doppelkapelle	double chapel	双层礼拜堂
Bergfried		防卫主塔
Walmdach	hip roof	四边坡屋顶
Pyramidendach	pyramid roof	金字塔形屋顶

德文 Deutsch	英文 English	中文 Chinese
Treppenturm/ Treppenhaus	staircase tower	回旋楼梯塔
Erker	oriel window	凸窗／角窗
Standerker/ Auslucht		直立型凸窗
Eckturm	corner tower	城墙角塔
Wohnturm	tower house	可居住楼塔
Donjon	keep	主塔
Konsole	corbel	枕梁
Gesims	cornice	挑檐部
Volute	volute	S 状涡形饰
Architrav	architrave	建筑楣梁线
Kyma	cyma	波纹线
Vorhangbogen	inflexed arch	幕布拱
Marstall	stable	马房
Küchenbau	kitchen building	厨房
Aborterker/ Abtritt erker	garderobe	厕所角塔
Dansker		厕所塔
Zisterne	cistern	集水槽
Tiefer Brunnen	deep well	深井
Hof	court	中庭
Garten	garden	花园
Graben	moat	壕沟
Wassergraben	ditch/ wet moat	水壕沟
Halsgraben	neck ditch	干颈沟
Trockgraben	dry moat	干壕沟
Böschung	scarp	斜基座
Wall	rampart	土墙
Wallanlage		土墙防卫系统
Bastion	bastion	菱堡
Zwinger		困墙区
Rondelle	round tower/ roundel	圆形炮塔
Vorwerk/ Außenwerk	outwork	前置防御建筑
Ravelin	ravelin	三角形防卫角垒

附录二：延伸阅读

一、总论

- Ulrich ALBRECHT, *Der Adelssitz im Mittelalter*, München and Berlin 1995
- Wolfgang BÖHME, Busso VON DER DOLLEN and Dieter KERBER（eds）, *Burgen in Mitteleuropa. Ein Handbuch*, Stuttgart 1999
- Wolfgang BÖHME, Reinahrd FRIEDRICH and Barbara SCHOCK-WERNER（eds）, *Wörterbuch der Burgen, Schlösser und Festungen*, Stuttgart 2004
- Bodo EBHARDT, *Der Wehrbau Europas im Mittelalters*, Berlin und Oldenburg 1939 und 1958（ND. Würzburg 1998）
- Christopher GRAVETT, *Medieval Siege Warfare,* Oxford 1990
- Hermann HINZ, *Motte und Donjon*, Köln 1981
- Matthew JOHNSON, *Behind the Castle Gate: From Medieval to Renaissance*, London 2002
- Hans KOEPF and Günther BINDING, *Bildwörterbuch der Architektur*, Stuttgart 42005
- Wolfgang SCHEURL, *Medieval Castels and Cities*, London 1978
- Ulrich STEVENS, *Burgkapellen*, Darmstadt 2003
- Joachim ZEUNE, *Burgen. Symbole der Macht*, Regensburg 1996

二、区域性城堡建筑

中世纪德语系地区（德国、奥地利、瑞士、北意大利）

- Thomas BILLER, *Die Adelsburg in Deutschland. Entstehung—Gestalt—Bedeutung*, München 1993
- Thomas BILLER, "Die Entwicklung regelmässiger Burgformen in der Spätromanik und die Burg Kaub（Gutenfels）," in: *Burgenbau im 13. Jahrhundert*, Berlin 2002, pp. 23-43
- Thomas BILLER and G. Ulrich GROßMANN, *Burgen und Schloss. Der Adelssitz im deutschsprachigen Raum*, Regensburg 2002
- Günther BINDING, *Deutsche Königspfalzen*, Darmstadt 1996
- Sabine GLASER, *Die Willibaldsburg in Eichstätt*, München 2000
- Anja GREBE and G. Ulrich GROßMANN, *Burgen in Deutschland, Österreich und der Schweiz*, Petersberg 2007

- G. Ulrich GROßMANN, *Renaissanceschlösser in Hessen. Architektur zwischen Reformation und Dreißigjährigem Krieg*, Regensburg 2010
- Walter HOTZ, *Pfalzen und Burgen der Stauferzeit*, Darmstadt 1981
- Walter HOTZ, *Kleine Kunstgeschichte der deutschen Burg*, Frechen 51991
- Walter HOTZ, *Kleine Kunstgeschichte der deutschen Schlösser*, Darmstadt 32011
- Gabriele M. KNOLL, *Burgen und Schlösser in Deutschland. Geschichte erleben*, München 2007
- Friedrich-Wilhelm KRAHE, *Burgen der deutschen Mittelalters. Grundriss-Lexikon*, Frankfurt am Main 2000
- Cord MECKSEPER, "Spätmittelalterliche Burgen und Residenzen im Reichsgebiet," in: *Kunsthistorische Arbeitsblätter*, 6（2003）, pp.1-8
- Cord MECKSEPER, *Kleine Kunstgeschichte der deutschen Stadt im Mittelalter*, Darmstadt 1982
- Uwe A. OSTER, *Burgen in Deutschland*, Darmstadt 2006
- Otto PIPER, *Burgenkunde. Forschungen über gesamtes Bauwesen und Geschichte der Burg innerhalb des deutschen Sprachgebietes*, München 1895
- Rainer ZUCH, *Pfalzen deutscher Kaiser von Aachen bis Zürich*, Petersberg 2007

英国
- R. Allen BROWN, *English Mediaeval Castles*, London 1954
- Anthony EMERY, *Greater Medieval Houses of England and Wales, 1300-1500: Volume 1, Northern England*, Cambridge 1996
- Sidney TOY, *The Castles of Great Britain*, London 31963

法国
- Thomas BILLER und Bernhard METZ, *Die Burgen des Elsass*, Berlin 2007
- Pierre ROCOLLE, *2000 ans de fortification française, 2 vols.*, Limgos and Paris 1973

意大利
- Walter HOTZ, *Pfalzen und Burgen der Stauferzeit*, Darmstadt 1981
- Clemente MANENTI, *Castles in Italy: the Medieval Life of Noble Families*, Köln 2001

东欧巴尔干地区
- Hermann and Alida FABINI, *Kirchenburgen in Siebenbürgen*, Leipzig 1985

东欧波罗的海地区
- Jerzy FRYCZ, "Der Burgenbau des Ritterordens in Preußen," in: *Wissenschaftliche Zeitschrift der Universität Greifswald*, 29（1980）, pp.45-56

附录三：图片来源

Roy Gerstner、林倩如摄
图 1-3、2-7、3-10、4-18、5-21、6-2、6-56

廖匀枫、林易典摄
图 2-14、2-21、2-23、3-8、4-3、4-7、4-15、5-12、5-15、5-16、5-17、5-25、5-27、6-22、6-24、6-43、6-44、6-58、6-83、6-103、6-107、6-114、6-117、6-118、6-124

赖雯瑄、赖锦慧摄
图 1-5、2-3、2-22、3-1、3-12、4-4、6-1、6-5、6-16、6-45、6-46、6-53、6-67、6-68、6-125、7-5、7-9、7-10

Library of Congress
图 1-1

Universitätsbibliothek Heidelberg
图 1-6 (CC-BY-SA 3.0)

余图像为笔者摄影、素描绘制
章名页水彩图　Kevin

图书在版编目(CIP)数据

古堡的秘密:欧洲中世纪城堡建筑巡礼/卢履彦著.—
北京:商务印书馆,2021
ISBN 978 - 7 - 100 - 19797 - 7

Ⅰ.①古… Ⅱ.①卢… Ⅲ.①城堡—研究—欧洲—
中世纪 Ⅳ.①K950.6

中国版本图书馆 CIP 数据核字(2021)第 059153 号

古堡的秘密

欧洲中世纪城堡建筑巡礼

卢履彦 著

———————————

商 务 印 书 馆 出 版
(北京王府井大街36号 邮政编码100710)
商 务 印 书 馆 发 行
北京雅昌艺术印刷有限公司印刷
ISBN 978 - 7 - 100 - 19797 - 7

———————————

2021 年 8 月第 1 版　　　开本 720×1000 1/16
2021 年 8 月北京第 1 次印刷　　印张 13
定价:85.00 元